怖くて眠れなくなる地学

左巻健男［編著］
TAKEO SAMAKI

PHP

怖くて眠れなくなる地学

カバーデザイン　高柳雅人
カバーイラスト　山下以登

はじめに

本書は、『面白くて眠れなくなる地学』の姉妹書です。地学には、「足元の地面の地質や地形、地球のこと」「天気の変化や気象のこと」「天体・宇宙のこと」がふくまれます。

この本は、「足元の地面の地質や地形、地球のこと」では、おもに地震や火山活動による災害を、「天気の変化や気象のこと」では、おもに台風や集中豪雨による風水害（気象災害）や長期間にわたってふだんと違う気象状態になる異常気象を、「天体・宇宙のこと」では小惑星の衝突などを扱いました。全体にわたって、とくに自然災害（天災）について書いています。

自然災害は、地震、火山の活動、大雨、強風、高潮などによる災害です。わが国では、このような自然災害がたびたび起こっています。

私たちが暮らしている日本列島は、いつ、どこで大地震が起こってもおかしくない「震える日本列島＝地震多発列島」です。また、「火を噴く火山列島＝陸地面積は世界の二・八％に過ぎないのに世界の陸上火山の七分の一を占める火山国」でもあります。また毎年台風や集中豪雨に見舞われます。

しかし、私たちは「人の噂も七十五日」のことわざが示すように何事も忘れやすい面を持っています。物理学者にして夏目漱石の弟子で随筆家の寺田寅彦（一八七八～一九三五）は地震・火災の害や防災についても論じました。彼の言葉として有名なのが「天災は忘れた頃来る」という警句です。

なお、この警句は彼の弟子の中谷宇吉郎《なかやうきちろう》が寺田の言葉として広めたものでしたが、実際には寺田の全随筆を調べてもありませんでした。それでも寺田の随筆に似た言葉があり、地震・台風・津波などの自然災害に襲われた直後は十分に用心しようとしても、時が経つと忘れてしまうことへの戒めになっているので、寺田の言葉として今も生き続けています。

とくに極めてまれにしか起こらない大地震や大津波に対して「天災は忘れた頃来る」という警句を忘れないようにしたいものです。

本書は、私が編集長をしている大人の理科好きな人向けの雑誌『RikaTan（理科の探検）』の委員有志との共同で執筆しました。RikaTan誌バックナンバーでも地震や火山などを特集してきました。その経験を本書に込めたつもりです。

自然災害の過去の事例や自然災害の仕組みを知ることは、現在とこれからの未来に、私たちがどうすればよいかを考える材料を与えてくれます。

読者の皆さんが、自然災害の仕組みを理解し、あらかじめ充分な対策を立てることで被害を小さくできることに寄与できれば幸いです。

編著者　左巻 健男

二〇二〇年三月

目次

はじめに　003

Part I

不気味に震える日本列島

記録に残るおもな地震　014
なぜ日本に地震が多いのか？　018
史上初、震度七を記録した兵庫県南部地震　022
山間の集落を孤立させた突然の激震　028
大津波により未曾有の災害を起こした大地震　032
熊本城にも大きな被害を与えた大地震　046

大都会に大地震が起こったら 050
地震で家が傾く液状化 056
これまでに日本を襲った大津波 060
「活断層」の上に立つ原発がある!? 068

Part Ⅱ

火を噴く火山列島の恐怖

恐るべき日本列島の火山分布 080
恐怖の高速火砕流 084
火砕流が尊い人命を奪った火山災害 088
突然の噴火で戦後最悪の火山災害 092

噴火予知はできるのか？ 096
もし富士山が大噴火を起こしたら…… 100

Part Ⅲ

恐ろしい気象とその災害

今が氷河時代ってホント？ 106
異常気象の怖さ 110
気象災害にはどんなものがあるか？ 114
深刻な災害をもたらす爆弾低気圧 118
台風による災害 122
気温上昇で懸念される熱中症の増加 126

雪に慣れていない地域の大雪 130
温暖化の進行で竜巻倍増の予測 134
雷が多発する地域がある 138
日本は豪雨災害から逃げられない 142

Part Ⅳ

防災で恐怖を乗り越える

地震に弱い地盤、地震に強い家 148
大地震に遭遇したらどうする？ 152
「津波てんでんこ」「稲むらの火」とは？ 156
ハザードマップの活用 160

災害時のインターネット活用 164
停電への備え方 168
安全な水を確保せよ 172
過去の教訓から整えられた地震観測網 176
火山はどうやって観測しているか 180
知っているようで知らない気象観測 184

Part V.

宇宙と地球レベルでの怖い話

今、地球磁場の様子がおかしい 190
巨大噴火の冬、核の冬 196

地球温暖化と異常気象　200
オゾンホールの拡大　204
日本をとりまく海流の影響力　208
歴史も動かすエルニーニョ・ラニーニャ現象　212
小惑星の地球衝突　216
超新星爆発によるガンマ線バーストの直撃　222
太陽フレアによる大規模停電　226

おわりに　230
参考文献　234

本文デザイン&イラスト　宇田川由美子

本書中の市町村名、地名は災害など発生当時のものです。
また、名称や人物の肩書なども当時のままにしてあります。

Part I

不気味に震える日本列島

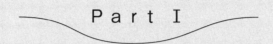

記録に残るおもな地震

震度とマグニチュード

地震が起きると、テレビやインターネットなどで地震速報が伝えられます。その内容は、地震が起きた時刻、どの地方に地震が起こったか、その次に、各地の震度、震源の位置と深さ、そしてマグニチュードが報じられます。その後、その地震による津波のおそれの有無、もしおそれがある場合は、警報や注意報が伝えられます。

震度とはその場所の揺れの強さをあらわすものさしです。かつては、体感および周囲の状況から推定していました。気象庁は、一九九六(平成八)年四月から震度計による「計測震度」をもとにして、私たちに身近な震度階級を決めています。〇から七までの一〇階級があります。震度五と六を「震度五弱」「震度五強」のように強弱の二つに分けています。これに対し、マグニチュードは、「地震動をひき起こしたおもとの地震そのものの規模を表すもの」です。

◆マグニチュードと震度の関係

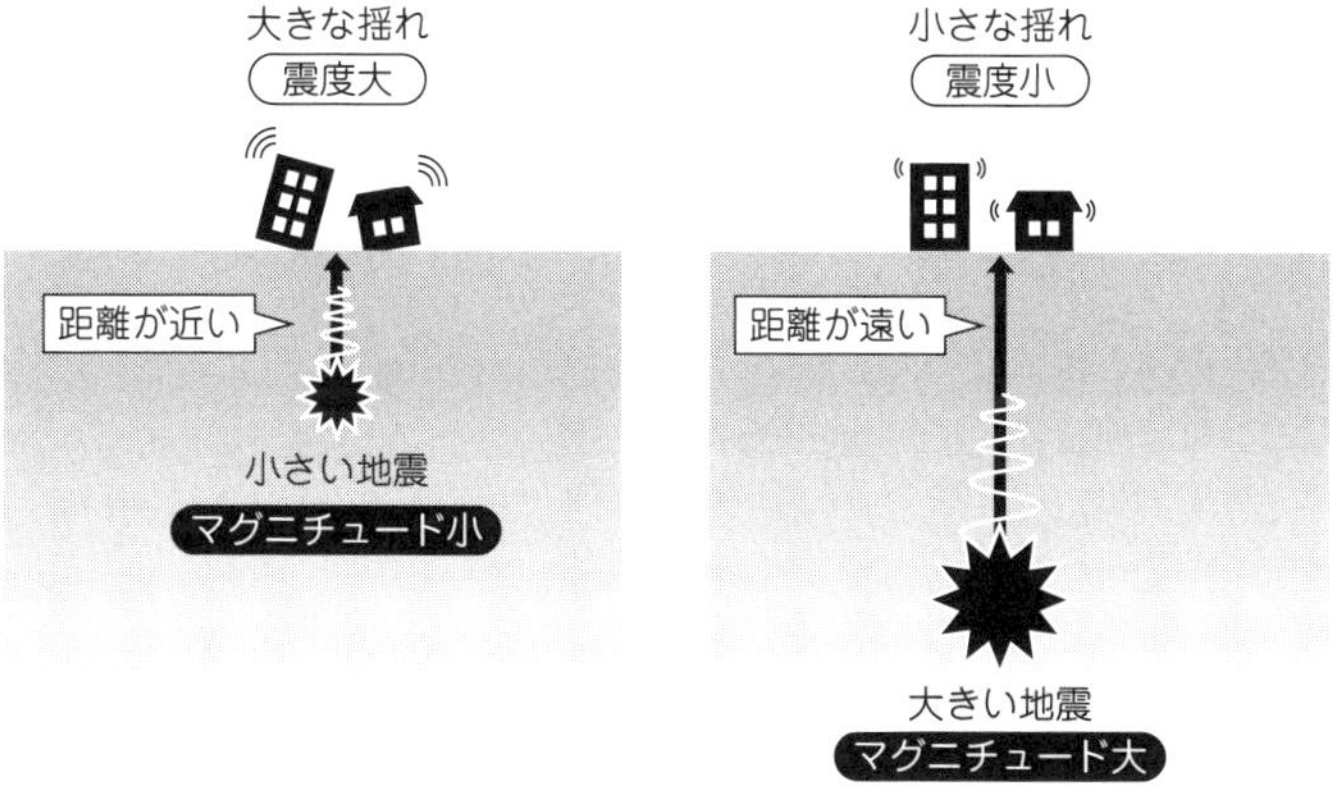

地震が起こると、「各地の震度は次のとおりです」と言って、多くの情報が伝えられます。全国約六〇〇カ所に設置された震度計の記録が、即時に気象庁に集約され、速報として報じられるのです。震度が多くの地点の情報であることに対して、マグニチュードは一つの地震に対して一つの数値で伝えられます。震度が〇から七の整数で示されるのに対して、マグニチュードは小数点をつけて示されます。

マグニチュードはその地震がどのくらいの規模かを示すもので、地下で放出されたエネルギーの大きさを表しています。マグニチュードが一大きくなると、エネルギーの大きさでいうと約三二倍の大きさになります。二大きくなれば三二の三二倍ですから約一〇〇〇倍に、三大きくなれば約三万二〇〇〇倍にもなります。〇・一大きくなるだけで約一・四倍に、〇・二大きくなると約二倍になりますから、マグニチュードの違いは地震波のエネルギーとして大きな違いになります。地震波は震源域から遠くに伝わっていくにつれて減衰するので、震度は場所によって異なりますが、マグニチュードは変わりません。

マグニチュードと震度の関係

直下型地震は、その場所の真下で起こる地震です。真下の、しかも浅いところで地震が起きれば、マグニチュードが小さくても震度が大きくなってしまいます。

マグニチュードが一大きくなると地震の発生頻度がおよそ一〇分の一になることが知られています。驚くことに、地球上で起こる地震のおよそ一割が狭い日本で起きています。マグニチュード八が十年に一回、マグニチュード七が一年に一回、マグニチュード六が一年に一〇回程度起きています。あくまで平均のデータなので年によって大きく異なりますが、およそこれくらい起こるという目安になります。

次は、記録に残るおもな大地震です。

◆記録に残るおもな大地震

	年	地震名	マグニチュード
世界	1827年	エクアドル地震	9.7
	1960年	チリ地震	9.5
	1964年	アラスカ地震	9.1
	2004年	スマトラ島沖地震	9.1～9.3
日本	869年	貞観三陸地震	8.3～8.47
	1707年	宝永地震	8.6～8.7
	1896年	明治三陸地震	8.2
	1923年	関東地震（関東大震災）	7.9
	2011年	東北地方太平洋沖地震	9.0

最近百年間でマグニチュード九・〇を超える地震が三つも起こっています。二〇一一年の東北地方太平洋沖地震のマグニチュード九・〇で、日本の地震史上最大、世界四位の規模です。八六九年に起きた貞観三陸地震は、東日本大震災が千年に一度と呼ばれる由縁にもなっています。世界で起こった地震の中で最大と考えられるのは、一九六〇年のチリ地震マグニチュード九・五です。チリ地震による津波は、地球の真裏近くにある日本でも北海道から沖縄までにも大きな被害をもたらしました。一九〇〇年以前は地震計が発達しておらず文献などの被害状況からの推計値となります。

なぜ日本に地震が多いのか？

地球はプレートで覆われている

日本は世界的に見て、地震の多い国です。二十一世紀に入ってからだけで、マグニチュード七以上の巨大地震が一二回も起こっています。震度一以上の地震だと、一年間に二〇〇〇回以上起こっています。なぜ、日本はこんなに地震が多いのでしょうか。

地球の表面は厚さ一〇〇キロメートルくらいの大きな岩盤で覆われています。この岩盤をプレートと呼びます。地球の表面は二〇枚弱の巨大なプレートで構成されています。そして、このプレートは動いています。ハワイが少しずつ日本に近づいているということを聞いたことはありますか？　これは、ハワイが乗っている太平洋プレートが日本に向かって動いていることにより起こっていることです。世界中で起こるさまざまな大地の変動とこのプレートとの間には密接な関係があります。

◆太平洋プレートと北米プレート

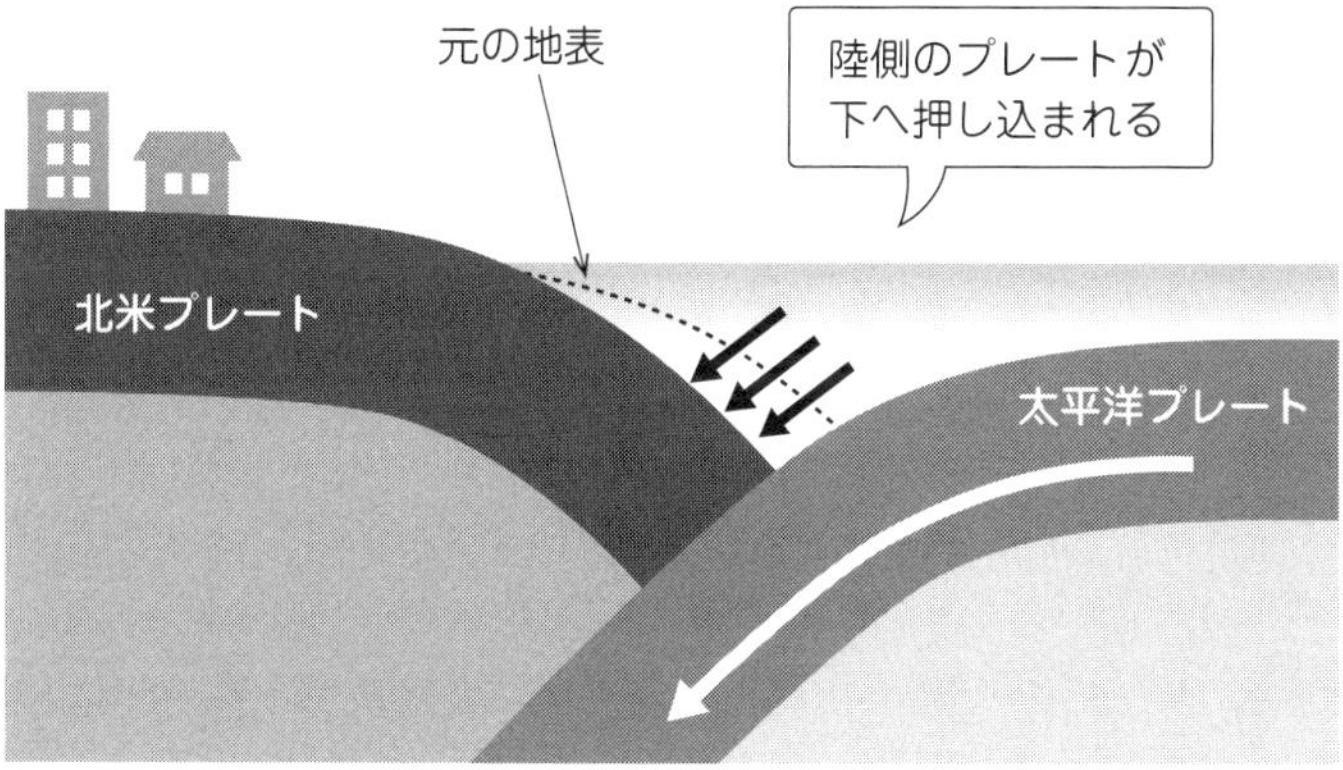

日本は四枚のプレートに挟まれている

日本は世界に十数枚しかないプレートのうち、太平洋プレート、北米プレート、ユーラシアプレート、フィリピン海プレートの四枚で挟まれています。

日本付近のプレートの動きによる典型的な地震は海溝型と言われるものです。海溝とは二枚のプレートが重なり、水深六〇〇〇メートル以上になった谷のことです。日本海溝は太平洋プレートが北米プレート下に沈み込むことによって形成され、深さは八〇〇〇メートルを超えています。この場所では太平洋プレートが沈み込むにつれてにつれ、北米プレートも一緒に押し込まれます。その動きによって陸側のプレートに歪みが生じてきます。硬い岩盤であるプレートが、押し込みに耐えられなくなると、元の位置に戻ろうとバネのように反発します。この時の跳ね上がる力が陸地へ伝わり地震が起こるのです。海底に下から大きな力が加わると、津波や高波が発生することもあります。

日本の国土は断層だらけ

プレートによる力は日本全土に及ぼされています。そのためプレートの表面部分には無数のひび割れができます。これがいわゆる断層です。断層にもいくつかの種類があり、縦方向にずれるか横方向にずれるかによって分類されています。二〇一六年の熊本地震では、横ずれ断層が生じ、それによって畑がずれた空撮映像が伝えられました。断層のずれにより発生する地震を内陸型地震といいます。地下には多くの断層がありますが、通常はそれらはしっかりとかみ合っていて動きませんが、そこに大きな力が加わることで再び壊れて動くことがあります。その動きが振動として伝わり地震となります。断層のうち、繰り返し活動し、将来も活動すると考えられる断層のことを活断層と呼び、日本ではそれが二〇〇〇カ所以上も見つかっています。

◆3つのトラフと4つのプレート

三つのトラフ

トラフとは海底にある海溝と似た形状で、水深六〇〇〇メートル未満のもので、日本には南海トラフ、駿河《するが》トラフ、相模トラフの三つが存在します。フィリピン海プレートが、ユーラシアプレートと北米プレートの下に沈みこむプレートの境界面に位置しています。フィリピン海プレートは日本に向かって北上しており、伊豆半島は、かつて太平洋上の大きな島でした。現在の伊豆諸島も、本州に近づいています。

この活発な動きが大きな地震を引き起こします。一番大きな南海トラフではマグニチュード八を超える巨大地震が百～二百年のサイクルで発生しています。

史上初、震度七を記録した兵庫県南部地震

地震災害の例一　兵庫県南部地震（災害名：阪神・淡路大震災）

――一九九五年一月十七日　死者・行方不明者六四三七人

一九九五（平成七）年一月十七日五時四十六分、淡路島北部の深さ一六キロメートルを震源とするマグニチュード七・三の地震が発生。この地震により、神戸、西宮、芦屋、宝塚の兵庫県四市と淡路島で観測史上初の震度七を記録しました。

兵庫県南部地震は、戦後初の大都市直下型地震で、住宅約二五万棟が全半壊し、負傷者は約四万四〇〇〇人、犠牲者は六四三七人に上りました。

この地震は、内陸で発生した、いわゆる直下型地震です。とくに神戸市の被害は甚大で現代日本で初めて大都市が大地震に襲われました。

戦後の混乱がまだ続いていた一九四八年の福井地震による犠牲者数三七六九人を上まわり、一九六〇年の伊勢湾台風による犠牲者五〇九八人をも上まわる、当時として

は戦後最大の自然災害になりました。なお、その後、この被害をさらに上まわったのは、二〇一一年の東北地方太平洋沖地震（東日本大震災）です。

犠牲者の死因の七七%は圧死

この地震の強い揺れで、高速道路、山陽新幹線の高架橋、ビルのような鉄筋の建物など、十分な耐震性をもつと思われていた建造物が数多く倒壊してしまいました。住家については、全壊が約一〇万五〇〇〇棟、半壊が約一四万四〇〇〇棟にも上りました。

火災も起こりましたが、大火事が起こった関東大震災（一九二三年）のような事態は避けられました。関東大震災では、東京での犠牲者六万人あまりのうち九〇%近くが焼死者でした。

時間的に多くの人が寝ていました。強い揺れで倒れ始めた住家から機敏に逃げることができた人たちは助かりましたが、逃げ遅れた人たちは倒壊した住家の下敷きになりました。死因の七七%は倒壊した建物による圧死でした。

建築物の敷地・設備・構造・用途についてその最低の基準を定めた法律として建築

基準法があります。建築基準法は一九八一年と二〇〇〇年に大きく二回改正されていますが、特に一九七八年に発生した宮城県沖地震を受けて建物の耐震性を強める大改正を一九八一年に行いました。たとえば、軟弱な地盤では鉄筋コンクリートの基礎を使うことと、一九五〇年の建築基準法で定めていた耐力壁の量を約二倍に増やすことなどでした。ですから、一九八一年以前の耐震基準を「旧耐震」、それ以降の基準を「新耐震」と区別するようになっています。

この地震で、旧耐震の建物か、新耐震の建物かで被災状況が異なっています。旧耐震の建物で、古いものほど被害が大きかったのです。

地震の四日前に「神戸で大地震は起こるか」の授業が行われていた

筆者の友人の㭴本格《はしもといたる》さん（神戸親和女子大学教授）は、当時神戸市立中学校の理科教諭でした。地質学、理科教育が専門です。

彼は、この地震の四日前の一月十三日の理科の授業で、「神戸で大地震は起こるか」の授業をしていました。まず、次のような授業をしました。

・日本は世界最大の変動地域で、世界最多の地震国である
・地震は地殻変動の一コマで、山は地震を起こしながら高くなってきた
・地震は破壊であり、破壊されたところが断層だ
・高くなる山は削られる山、地層をためる盆地は沈んでいく。大地は、起伏を大きくする運動と侵食・堆積など起伏を小さくする運動のせめぎ合いでつくられた

その上で、地域（六甲《ろっこう》山と大阪湾）に目を向けさせます。

生徒たちに、「最近、北海道や東北地方でひんぱんに地震が起こっています。神戸付近ではあまり起こっていません。神戸で大地震は起こらないのでしょうか」と聞きました。「起こらない」という生徒が圧倒的。続いて「起こるかもしれない」が少なからずいます。「起こる」という数人の生徒は、いつもの「大穴ねらい」の生徒です。後に彼は神戸市民の九五％は「大地震は起こらない」と思い込んでいたことを知ります。起こらないとする生徒が圧倒的なのは、神戸市民が思っていたことの反映だったのでしょう。

六甲山地と平野の境界には多数の（活）断層があることを学び、「神戸で大地震が起こる可能性がある」のではなく、「神戸で大地震は必ず起こる」ことを結論づけたのです。

「それはいつ起こるん？」という生徒の質問に「明日かも、千年後かも」と答えました。「必ず起こる！　これは私の教師生命をかけて言っておく。起こらなかったら責任をとる！」。

生徒は、もちろん半信半疑です。「そのときは、先生、死んでもうとうやんか！」「先生、その地震は、家が壊れるほどのすごい地震ですか？」と女子生徒が聞いてきました。

「そうだ。起こるとしたら直下型地震だから、家が壊れる大きな地震だ」

このとき、終わりのチャイムが鳴りました。

これは、「予言」「予知」ではなく、彼自身も大地震が起こりそうな「予感」もありませんでした。「まさか本当に、こんなにもすぐに、衝撃的な悲劇をともなって大地震が起こるとは思っていませんでした」と述懐しています。この授業で学んだことは科学的な根拠にもとづいた「予測」だったのです。

大地震は必ず起こる
それは明日かも
千年後かもしれない
ひゃあ
ゆれた!!
ぐら
ぐら

山間の集落を孤立させた突然の激震

地震災害の例二　新潟県中越地震（震災名：新潟県中越大震災）

——二〇〇四年十月二十三日　死者六八人

二〇〇四（平成十六）年十月二十三日十七時五十六分、突然の激震が発生しました。夕食時ののどかなひと時を一瞬にして恐怖に陥《おとしい》れました。北魚沼郡川口町北部の深さ約一三キロメートルを震源とするマグニチュード六・八の地震でした。

この地震により、川口町で震度七、小千谷市、山古志《やまこし》村、小国町で震度六強、十日町市、堀之内町、中里村、守門村、川西町、越路町、刈羽村、長岡市、栃尾市、三島町、広神村、入広瀬村で震度六弱を記録したほか、県内の広い地域が震度五強から四の強い揺れに見舞われました。

住家の倒壊や土砂崩れなどで犠牲者は六八人になりました。重症者六三三人。住家全壊は三一七五棟、住家大規模半壊は二一六七棟、住家半壊は一万一六四三棟に上りました。

震度六強を観測した山あいの山古志村では、土砂崩れで集落が孤立。全村民約二二〇〇人が長岡市に避難し、約三年間の避難生活を送りました。

規模の大きい余震が長期間にわたって断続的に発生

この地震の特徴として、余震の数が多く、かつその規模が大きかったことがあげられます。震度六強から五弱の強い余震が本震直後から何度もくり返し起こり、被災者は頻発する余震に怯《おび》えました。

本震・余震ともその規模はマグニチュード六台と、必ずしも巨大地震ではありませんが、震源がごく浅かったため、揺れは強烈でした。本震・余震がいずれも深さ約五キロメートルから二〇キロメートルの浅いところで断層がずれて発生した典型的な直下型地震でした。

長期化する余震活動のために、住宅の倒壊や土砂災害など二次災害の懸念が大きく、日を追うごとに避難者の数は増え、ピーク時には避難住民が一〇万人を超えました。

そのため、避難生活で地域コミュニティの崩壊により孤独死が増えた兵庫県南部地震時を教訓として、集落ごとに避難所に入ったり、仮設住宅入居を進めました。それでも高齢者の割合が高かったので、若年層と比べ新しい環境への適応が難しく心の傷を受けやすい高齢者の長期化した避難生活によるストレス死が増大しました。

三年後に新潟県中越沖地震

二〇〇七（平成十九）年七月十六日十時十三分に、新潟県中越地方沖を震源とする地震が発生しました。マグニチュードは六・八、最大震度は六強。二〇〇四年の新潟県中越地震以来のマグニチュード六以上および震度五弱以上を観測した地震となりました。

新潟県長岡市（小国町法坂）、同柏崎市（中央町・西山町池浦）、同刈羽村、長野県飯綱町三水地区で、最大震度は六強。犠牲者一五人。

最大震度六強の地域に柏崎刈羽原子力発電所があります。この発電所に設置の地震計には震度七を記録したものもありました。

この発電所は、一号機から七号機までの七基の原子炉を有し、合計出力は八二一万二〇〇〇キロワットある、世界最大の原子力発電所です。

この地震のとき、この発電所はどうなったでしょうか？

稼働していた同発電所の発電機のうち、二号機、三号機、四号機および七号機は、地震により自動停止しました（一号機、五号機および六号機は定期検査のため停止中だった）。

まず発電所に設置されている地震計の記録から、観測された記録は、耐震設計時の想定加速度（単位ガル。一ガル＝一センチメートル／秒²）を上まわっていました。たとえば三号機タービン建屋一階で二〇五八ガルで想定八三四ガルを大きく超えていました。そのため、三号機の変圧器付近の不同沈下（不均一な沈下）によって、火災が発生しました。十二時十分頃に鎮火。量は自然に存在する放射性物質に比較しても少量で、環境に影響はないレベルでしたが少量の放射性物質のもれが確認されました。

ほかに何十件ものトラブルや被害も発生しました。六号機原子炉建屋天井クレーン駆動軸の損傷、低レベル放射性廃棄物の入ったドラム缶約四〇〇本が倒れ、うち数十本ではふたが外れていたこと、敷地各所に液状化現象、使用済み核燃料プールの水もれなどです。

大津波により未曾有の災害を起こした大地震

地震災害の例三　東北地方太平洋沖地震（震災名：東日本大震災）

――二〇一一年三月十一日　死者・行方不明者約二万二〇〇〇人

東日本大震災は、二〇一一（平成二十三）年三月十一日十四時四十六分頃に発生。三陸沖の宮城県牡鹿半島の東南東一三〇キロメートル付近で、深さ約二四キロメートルを震源とする地震でした。マグニチュードは九・〇。これは、日本国内観測史上最大規模、アメリカ地質調査所の情報によれば一九〇〇年以降、世界でも四番目の規模の超巨大地震でした。

宮城県北部の栗原市で最大震度七が観測されたほか、宮城県、福島県、茨城県、栃木県などでは震度六強を観測。北海道から九州地方にかけて、震度六弱から震度一の揺れが観測されました。揺れの特徴は、大きな揺れが長時間にわたって続いたということでした。

その後も強い揺れをともなう余震が多数観測されました。これまでに発生した余震は、最大震度六強が二回、最大震度六弱が三回、最大震度五強が一七回、最大震度五弱が五一回、最大震度四が三二七回（二〇一九〔平成三十一〕年三月一日現在）でした。

犠牲者一万九二二五人と行方不明者二六一四人の合計二万一八三九人は、自然災害としてこの地震までは戦後最大の犠牲者数であった兵庫県南部地震（一九九五年）の六四三七人を大幅に上まわりました。日本の歴史上、この被害者数を上まわるのは、ほぼ同様の犠牲者数の三陸沖地震津波（一八九六年）の二万一九五九人と、明応地震（一四九八年）と関東地震〔関東大震災〕（一九二三年）の約十万五〇〇〇人だけでした。

全壊建物は、一二万四六八四戸、半壊建物は二七万五〇七七戸でした。

死因は九〇％以上が津波

この地震では、岩手、宮城、福島県を中心とした太平洋沿岸部を巨大な津波が襲いました。

各地を襲った津波の高さは、福島県相馬では九・三メートル以上、岩手県宮古で八・五メートル以上、大船渡で八・〇メートル以上、宮城県石巻市鮎川で七・六メートル以上などが観測（気象庁検潮所）されたほか、宮城県女川漁港で一四・八メートルの津波痕跡も確認（港湾空港技術研究所）されています。また、遡上高《そじょうこう》（陸地の斜面を駆け上がった津波の高さ）では、全国津波合同調査グループによると、大船渡市綾里湾で国内観測史上最大となる四〇・一メートルが観測されました。

犠牲者の死因の九〇％以上が津波によるものでした。

過去の大津波

遡上高四〇・一メートルというと、ビル数十階分の高さに相当します。それまで明治以降では、明治三陸地震津波（一八九六年）の遡上高三八・二メートルが最大でした。

記録が少ない明治以前をふくめると、現地では明和の大津波と呼ばれる八重山地震津波（一七七一年）で石垣島で遡上高三〇メートル程度と見られます。この津波で八重山諸島全域で犠牲者数一万人に達したといわれています。

首都圏で交通機関不通、計画停電の実施

震度五強が観測された首都圏では、交通機関が不通となったため、大量の帰宅困難者が発生しました。徒歩で帰宅を試みる人々で歩道は大混雑。また、帰宅できなかった多くの人々が勤務先や駅周辺あるいは、都が開設した一時収容施設等で一夜を明かしました。

関東では、茨城、千葉、東京、埼玉、神奈川の広い範囲で液状化現象が発生しました。

水道、電気、ガスといったライフラインが一時ストップする被害が生じました。東京電力の管内では、二〇一一年三月十四日から二十八日にかけて計画停電を行いました。この地震では原子力発電所もさることながら、火力発電所も直接的な影響を受けたので、火力発電所の安全確認の終了、何とか発電できる程度までへの修理の間、電力供給量が大幅に減ったためでした。

震災関連死

震災から三カ月を超えた時点で、一二万五〇〇〇人近くの方々が避難生活を送りま

した。

避難生活は、避難者に大きなストレスがかかります。

避難生活による体調悪化、自殺などは、「震災関連死」と認定されます。

復興庁のまとめによると、震災発生から二〇一八年九月末までに、震災関連死と認定されたのは、全国で三七〇一人に上ります。年齢別ではおよそ九割が六十六歳以上の高齢者です。関連死とされた人は、災害から一週間までが四七二人、それ以降一カ月までが七四一人、それ以降三カ月までが六八二人などとなっています。全体の七五%の人たちが震災発生から一年以内です。

東京電力福島第一原子力発電所の事故

この地震および津波がきっかけで東京電力福島第一原子力発電所が重大事故を起こし、その結果として、警戒区域（富岡町、大熊町、双葉町のそれぞれ全域、田村市、南相馬市、楢葉町、川内村、浪江町、葛尾村のそれぞれ一部）と計画的避難区域（浪江町、葛尾村の警戒区域を除いた区域、飯舘村全域、南相馬市の警戒区域を除いた一部、川俣町の一部）の人たちは別の場所への避難を余儀なくされました。

ウランやプルトニウムなどに中性子を当てると、中性子を吸収して不安定になり、元の原子核よりも小さな二つ以上の原子核に核分裂します。このとき、化学反応とは比べものにならない、はるかに大きなエネルギーが放出されます。

原発で実際に核分裂によるエネルギーを出しているのは原子炉圧力容器に入っている核燃料です。それは約三％に濃縮したウラン二三五です。

核燃料は、ジルコニウムという金属の合金でできた被覆管のなかにペレット（燃料を焼き固めたもの。いわばせともの）の形で入っています。

ペレットのなかで起こる核分裂による熱で、水を高温・高圧の水蒸気にします。その水蒸気でタービンを回し、タービンに結ばれた発電機を回して発電しています。

原子力発電所では、核分裂反応を「止める」、燃料を「冷やす」、放射性物質を「閉じ込める」という考え方で、有事の際にも安全を確保できるように設計されています。

しかし、この地震とこれにともなう津波により、六機の原子炉があった東京電力福島第一原子力発電所では「冷やす・閉じ込める」機能が働かなくなり、重大事故に至りました。

稼働していた福島第一原発の一号炉から三号機が緊急停止しました。制御棒が挿入されて核分裂連鎖反応は止められました。次の段階で、冷却して崩壊熱を除去しなければなりません。崩壊熱とは、ウランの核分裂で生成した破片（さまざまな原子核からなる放射性核種）が放射線を出して崩壊したときに出る熱です。この熱は原子炉を停止しても大きな熱源になります。冷却できなくなると、その崩壊熱によって、燃料棒の温度が上がっていきます。このことが大問題を引き起こすのです。

そのため、核分裂連鎖反応が停止しても、原子炉の燃料を冷却し続けなければなりません。しかし、緊急炉心冷却装置を動かす非常用のディーゼル発電機はダメになってしまいました。

一号機から三号機では、原子炉停止後に必要な炉心の冷却（崩壊熱の除去）ができず、炉心溶融を引き起こしました。

崩壊熱で圧力容器内の水はどんどん水蒸気になり容器内の圧力が上がります。耐えられなくなれば容器の破裂やひび割れが起こります。今回は何とか耐えたのですが、圧力容器内の放射性物質をふくんだ水蒸気は格納容器に出て、格納容器の圧力が上がりました。

そこで通気孔の弁を開けて圧力を下げる作業（ベント）を行いました。もちろん、ベント作業で内部の気体の放射性物質は、原子炉建屋へ、さらに外部へ放出されました。

もう一つ、冷却に失敗すると起こる恐れがあるのが水素爆発です。被覆管のジルコニウムは、中性子を吸収しにくいので使われています。中性子をうまく使って核分裂連鎖反応を起こすのに中性子を吸収する材料だとまずいのです。しかし、ジルコニウムは温度が約八五〇℃を超えると、水と反応して水素を発生して酸化ジルコニウムになります。今回、このようにして多量の水素が発生したと考えられます。水素は、格納容器へ、さらに建屋へと流出しました。

水素は空気と混ざって四％を超えると爆発限界になり、何らかの着火が起これば化学的爆発（水素と酸素が一気に激しく反応）が起きます。

一、三号機では水素爆発が起きて建屋の一部が破壊されました。二号機では原子炉建屋上部側面のパネルが一号機の水素爆発の衝撃で開きました。このため、水素が外部へ排出され、原子炉建屋の爆発が回避されたと推定されます。二号機はベントに失敗し、格納容器から直接放射性物質をふくむ気体がもれ出しました。

四号機は、地震の前に原子炉を止めて核燃料は水を循環させて冷却するプールに貯蔵されていました。これも冷却水が減って崩壊熱により燃料の一部は損傷を受けたようです。

原子炉を守る多重の壁は崩れました。被覆管がダメになればペレットは裸になり、

一部は固体から液体になったり（溶融）、粒子状になり落下したと考えられます。

こうして原子力発電所の事故としては最悪のレベル七の重大事故を起こしたのです。

【コラム】消えた海辺の町、沈黙の山村——視察記

二〇一一年四月末から五月一日にかけて仙台一泊、郡山一泊で被災地の一部を回りました。

現地の友人たちが案内をしてくれました。みな理科教員です。

仙台からは名取市閖上《ゆりあげ》を見てから、気仙沼へ北上し、気仙沼大島にも渡りました。

郡山からは、川内村へ入り、葛尾村立葛尾中学校、浪江町津島のDASH村（テレビ番組『ザ！鉄腕！DASH』の福島DASH村の舞台）の入り口へ行きました。飯舘村経由で南相馬市へ。その後、海岸を、鹿島、磯部と北上しました。

これが津波の被災地なのか！

仙台の市街地はところどころに地震によって崩壊した部分があるが、大部分はふつうのくらしが成り立っているようでした。

ところが、海岸に近い津波の被災地はまったく様相を異にしていました。最初に回ったのが名取市閖上。〝閖〟という字は、この地名にしか使われていないといいます。仙台藩四代藩主伊達綱村公が大年寺山門からはるか東のゆり上浜を望み、「門のなかに水が見えたので、門のなかに水という文字を書いて『閖上』と呼ぶように」言ったという話を聞きながら向かいました。もともと海辺の低地だったのでしょう。

近づくにつれて、田んぼにがれきが目立ち始めました。そして車が入っていったのは、あちらこちらで重機ががれきを片づけている場所でした。まわりにほとんど家はありません。がれきもある程度片づけられて見通しのよい（ほとんどなにもない）平らな土地です。一階は太いコンクリートだけの吹き抜けで二階が住居の家が辛うじて残っていたが二階の内部はめちゃくちゃになっており、がれきが詰まっていました。

小高い塚に登ってまわりを見ました。もともとは家が密集していたといいます。漁港に少しばかり建物が残っていたが、もちろん、やっと立っているという感じでした。塚から下に降りて、家々の基礎を見て回りました。その付近には、家族で楽しい日々があっただろうと想像できる遊び道具など様々な品が転がっていました。

気仙沼の市街地の風景は一変していた

筆者はこの四カ月前、気仙沼を訪れていました。

気仙沼の市街地に入ったばかりのときは、ふつうに家々がありました。しかし、港へ近づくと風景は一変しました。形は残っていても内部はがれきが詰まっている家ばかりでした。実は、大島に渡るフェリーから見たのですが、南部の低地はほとんどの建物が流されていました。大きな石油タンクも転がっていました。そこでは津波が百波以上も寄せては返し、その度に燃える船などが陸に火をつけたといいます。

港には、火災で黒こげになった船が三隻つながれていました。陸にも中型船が乗り上げていました。

放射線線量計が振り切れる場所

第一原発から二〇キロメートル圏内は立ち入り禁止になったばかりの時でした。川内村保健福祉医療複合施設ゆふね付近の墓地では地震で墓石がいくつも倒れていました。

次にテレビ番組で有名な津島のＤＡＳＨ村の入り口に行ってみました。門は閉ざされていましたが、門付近で毎時二五・四マイクロシーベルト。毎時九・九マイクロシーベルトまでしかはかれない線量計ではそこで止まりました。

川内村、葛尾村、浪江町、飯舘村では、検問所以外では、数台の車のほかはほとんど人と出会うことがありませんでした。

林と田畑、清冽《せいれつ》な流れの川がありました。サクラ、コブシやタムシバの花が咲いていました。しかし、そこは沈黙の村でした。

足下を見るとアリたちが巣を復興していた

南相馬市の鹿島、相馬市の磯部の津波被災地もひどいものでした。たとえば最後に回った相馬市磯部村は一五〇世帯くらいが全滅していました。相馬海浜自然の家の体育館は姿形がなくなり、自然の家の本体には松の木が何本も突き刺さるように押し寄せていました。広大な松林が根こそぎ、ほとんど倒され、流されていました。

どの被災地を見てもいたたまれない気持ちになりました。

自然の家近くで、ふと足下を見ると、アリたちがせっせと巣を復興していました。分厚くつもった砂で壊されたのでしょう。その砂をかき分けて水仙も花を咲かせていました。

熊本城にも大きな被害を与えた大地震

地震災害の例四　熊本地震

――二〇一六年四月十六日（本震）　前震・本震・余震で死者二七三人

二〇一六（平成二十八）年四月十四日二十一時二十六分に熊本県熊本地方を震源とするマグニチュード六・五、最大震度七の地震が発生しました。震源の深さは一一キロメートル（前震）。その後四月十六日一時二十五分に同地域を震源とするマグニチュード七・三、最大震度七の地震が発生しました。震源の深さは一二キロメートル（本震）。

二度の震度七に加え、熊本県及び大分県を中心として、三日間で震度六を五回記録したほか、過去の直下型地震と比較しても長期にわたって規模の大きな余震が頻発したことが特徴であり、発生から五日間での有感地震は二〇〇〇回に達しました。

二〇一六（平成二十八）年四月十四日二十一時二十六分以降に発生した震度六弱以

◆熊本地震

発生日	発生時刻	震度	震央地名
4月14日	21時26分	震度7	熊本県熊本
	22時 7分	震度6弱	熊本県熊本
4月15日	0時 3分	震度6強	熊本県熊本
4月16日	1時25分	震度7	熊本県熊本
	1時45分	震度6弱	熊本県熊本
	3時55分	震度6強	熊本県熊本
	9時48分	震度6弱	熊本県熊本

上の地震は、上の表のようです。前震と本震で震度七が観測されたのは、現在の気象庁震度階級が制定されてから初めてのことです。この地震は余震が多いことのほかに、地震活動の場が広がっていったこともあげられます。本震以降、熊本県熊本地方の北東側に位置する阿蘇地方から大分県西部にかけての地域と、大分県中部地域においても地震が相次ぎ、熊本地方と合わせて三地域で活発な地震活動が見られました。

犠牲者は、二七三人。倒壊した建物の下敷きになったり、土砂崩れに巻き込まれたり、震災関連死で亡くなっています。

全壊した建物は八八六七戸になりました。

わが国の名城の一つ、熊本城も熊本地震

では建物が倒壊し、強固な石垣が崩れるまでの大きな被害を受けました。

熊本城が築城されたのは四百年も前、戦国時代の末期、豊臣秀吉の治世でした。江戸時代から残る宇土櫓や築城した加藤清正の名をとった「清正流《せいしょうりゅう》」と呼ばれる石垣が有名です。天守は西南戦争で焼失したため、一九六〇年に再建されました。

熊本地震でとくに被害が大きかったのは石垣です。天守は鉄筋コンクリート建造物であったため、建物自体の損傷は少ないが、最上階の瓦はほとんどが落ちました。

この地震では多くの避難者が出ました。熊本県だけでも最大一八万三八八二人、大分県では一万二四四三人が避難したと記録されています。

本震は布田川断層帯で起きましたが、政府の地質調査研究推進本部の活断層評価では、その断層帯で起きる最大の地震はマグニチュード七・〇〜七・二程度、今後三十年以内にそのような地震が起こる確率は〇%〜〇・九%、あるいは不明としていました。この地震の前震や余震で動いたと考えられる断層帯についても確率不明でした。

つまり、今後三十年以内に大地震が起こる確率が低くても、日本列島のどこでも、大地震が起こりうる可能性があることが示されたといえるでしょう。

日本列島のどこでも大地震が起こる可能性があるんだよ
……

大都会に大地震が起こったら

大都会に地震が起こる可能性

人口一〇〇万人を超える日本の大都市は、東京都特別区部、横浜市、大阪市、名古屋市、札幌市、神戸市、福岡市、川崎市、京都市、さいたま市、広島市、仙台市などがあります。

これらの都市は　関東大震災、東南海・南海地震、兵庫県南部地震、福岡県西方沖地震、東日本大震災など近年でも大被害を受けた所も多いです。また、近年被害はなくても札幌近くの月寒断層、広島の五日市断層のように地震を起こす可能性のある活断層があります。

このようなことから地震が起きないという大都市はありません。

発生直後の建物と道路

大都会に一九二三年に起きた関東大震災クラスの震度七の大地震が起きると仮定し、被害の最悪なパターンを考えてみましょう。

緊急地震速報などで机の下にもぐる暇などがあれば別ですが、激しい揺れの時は何もできず、揺れに翻弄されます。そして、建物も激しく揺れます。

一九八一年六月一日の建築基準法改正により新耐震基準が設けられ震度七でも倒壊しないような建物を建てることになりました。しかし、大都会のなかには、いまだに旧耐震基準しか満たさない築年数の古い建物が多くあります。このような耐震性が低く老朽化したビル・マンションや木造建築物は数多く倒壊したり、中間階が圧壊すると考えられます。

また、地盤の液状化により建物が沈下したり傾いたりします。山や丘の近くでは、崖崩れや土砂崩れも起きます。屋内では建物倒壊や家具・事務機器などの動きにより多数の死傷者や生き埋め者が発生し、膨大なエレベータ停止で閉じ込められる人も多くなります。

人の多く集まるターミナル駅や地下街では、大きな揺れに驚いた人々が出入り口に殺到したり転倒するなどして群衆雪崩が発生し、多くの圧死者が出ます。道路ではブロック塀は崩れ、看板や窓ガラスが落ち、電信柱や道路標識、自動販売機が倒れてくるでしょう。大きな地割れが起きて挟《はさ》まれるかもしれません。道路沿いに張り巡らされている上水道、下水道、電力、都市ガス、固定電話線などのライフラインが寸断され、大地震後の被災者の生活を苦しめることになります。

発生直後の交通

高速道路上では、道路が生き物のようにうねり、車は空中に浮き上がり側壁や車同士で衝突します。非耐震の部分では橋脚が壊れ、高架が落下ということもありえます。電車もあちこちで車輪が浮き上がり脱線転覆します。新幹線も高速ゆえに大きな被害をもたらすでしょう。

港湾は非耐震の岸壁の陥没・隆起・倒壊、倉庫、クレーンの損傷、防波堤の沈下、液状化による岸壁表面の被害が発生し機能を停止します。

空港は、液状化による地盤沈下、盛土・切土崩壊により滑走路や付帯設備が使用不能になります。

揺れのあとの火と水

工場や店舗等で使用中のストーブ類、ヒーター、コンロ、などの火気器具が破損して、ガソリンやアルコール、もれたガス等の気化しやすい燃料に引火して激しい火災が起きます。もちろん近くにいる人によって初期消火されるものも少なくありませんが、延焼する場所がいくつも出てくることでしょう。

多くの道路は、停車車両や倒壊物や落下物によりふさがっているため、緊急車両は通れず消火活動ができません。大規模な延焼火災になり、それらが合体して火災旋風という炎の竜巻になります。大きいものになると二〇〇メートルを超すものもあります。特に有名な被害は、関東大震災時、本所被服廠《しょう》跡に避難した人々を火災旋風が飲み込み、三万八〇〇〇人の命が失われました。

火災旋風が発生したらその近くでの生存確率は限りなく低いです。また、火が出たら同時に煙も発生します。化学建材が燃えると毒ガスになることもあります。高速道路でも衝突した自動車から出火、そして、一九七九年に起きた日本坂トンネル火災のような事故も複数起きるでしょう。コンビナートでも爆発や大火災が発生するでしょう。大都会には火種がたくさんあります。

大都会は低地が多く、海抜以下の〇《ゼロ》メートル地帯もあります。そして都市の下に張り巡らされた地下鉄・地下街も。それらを地震発生後数分から数時間で津波が襲い水没させます。また、港湾や海岸近くの空港も津波のために使用できなくなります。

地震発生後しばらく使えていた携帯電話も、停電のために基地局の非常電源の燃料が枯渇し機能停止が広がっていきます。

避難所

地震発生後、建物被害や余震の不安、家族を心配することにより、多くの人々は避難所や自宅を目指して動き出します。交通機関は、ほとんどストップしているので徒歩になります。

二〇一一年の東日本大震災時は、多くの帰宅困難者が出て幹線道路は車と歩行者であふれましたが、幸い東京では被害が少なかったので十時間近く歩いてでも帰れました。

けれども、大被害が出ていたら移動するのも難しく、避難可能な施設が失われているために避難所が大幅に不足します。また、ライフラインも大きく破壊されているため、避難時の運営も難しくなります。そのため多くの人たちが避難所に入れないという事態も起こり、治安悪化になったり、生活環境悪化のための震災関連死も多数発生します。ライフライン復興にともない、通電火災が発生することもあります。

備えあれば憂いなし

大都市での大地震発生では、まだいろいろなことが起きるでしょう。株価の崩落、インフレ、企業の倒産多発など経済面でも大きな被害をもたらします。最悪、町を捨てざるを得ないかもしれません。怖いことに、現在の日本では各地で地震が発生し、南海トラフ地震についての不安も年々増しています。いつ起きても大丈夫なように、個人でも万全の対策をしておきたいですね。

地震で家が傾く液状化

地面が液体に？

大地震では山間部や丘陵地で斜面が崩れる被害があります。一方、平地では、強く揺すられると建物などの人工物の被害が目立ち、自然の様子が大きく変わる現象はないように見えます。しかし、多くの大地震で地盤の液状化、噴砂現象などが見られます。そして、これらの現象が建物などの被害を一層大きくすることがあります。

液状化現象は、地震の揺れによって一見硬そうな地盤が液体のようになることです。その結果、建物や道路が沈下したり傾いたりする被害や、水道管やマンホールが浮き上がって断水や汚物が流れないというライフラインへの影響が出ます。

また、表面が粘土などの層で覆われていると地下で液状化が起きた時、水圧が高まり地中の砂とともに噴出するという「噴砂現象」が起こることがあります。大規模な噴砂現象が起こると、地下に空洞ができるため地面が陥没します。

◆液状化のしくみ

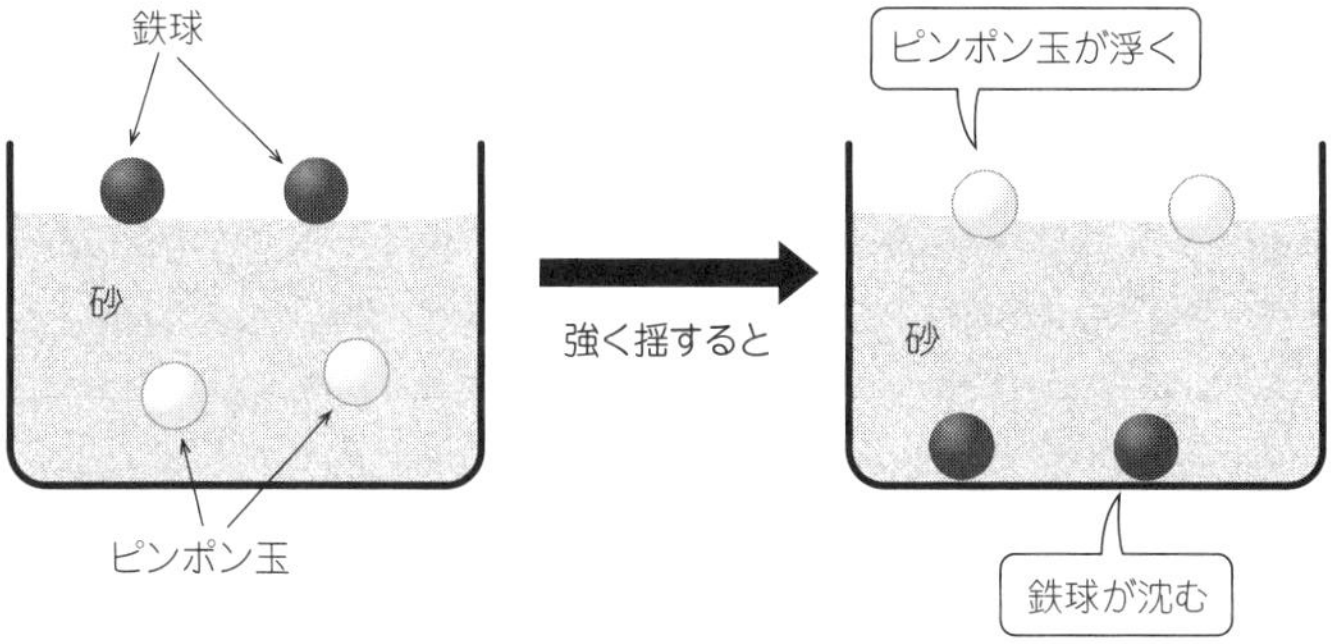

液状化はなぜ起こる

容器にピンポン玉を入れ、その上に乾いた砂を載せます。砂の上には、鉄球を置きます。鉄球を強く押すと砂のなかにめり込みますが、そのままの状態では砂粒同士の摩擦力が働くため、鉄球が砂のなかにめり込むことはありません。

この容器を小刻みに強く揺すると、鉄球やピンポン玉が動き出します。しばらく続けると、まるで、水のなかに、鉄球とピンポン玉を入れた時のように、ピンポン玉は砂の表面に現れ、鉄球は容器の底に沈みます。

容器に入っていた砂は、容器が揺すられたことで、砂粒同士の摩擦力が働きにくく

◆液状化が起こる際の地盤の変化

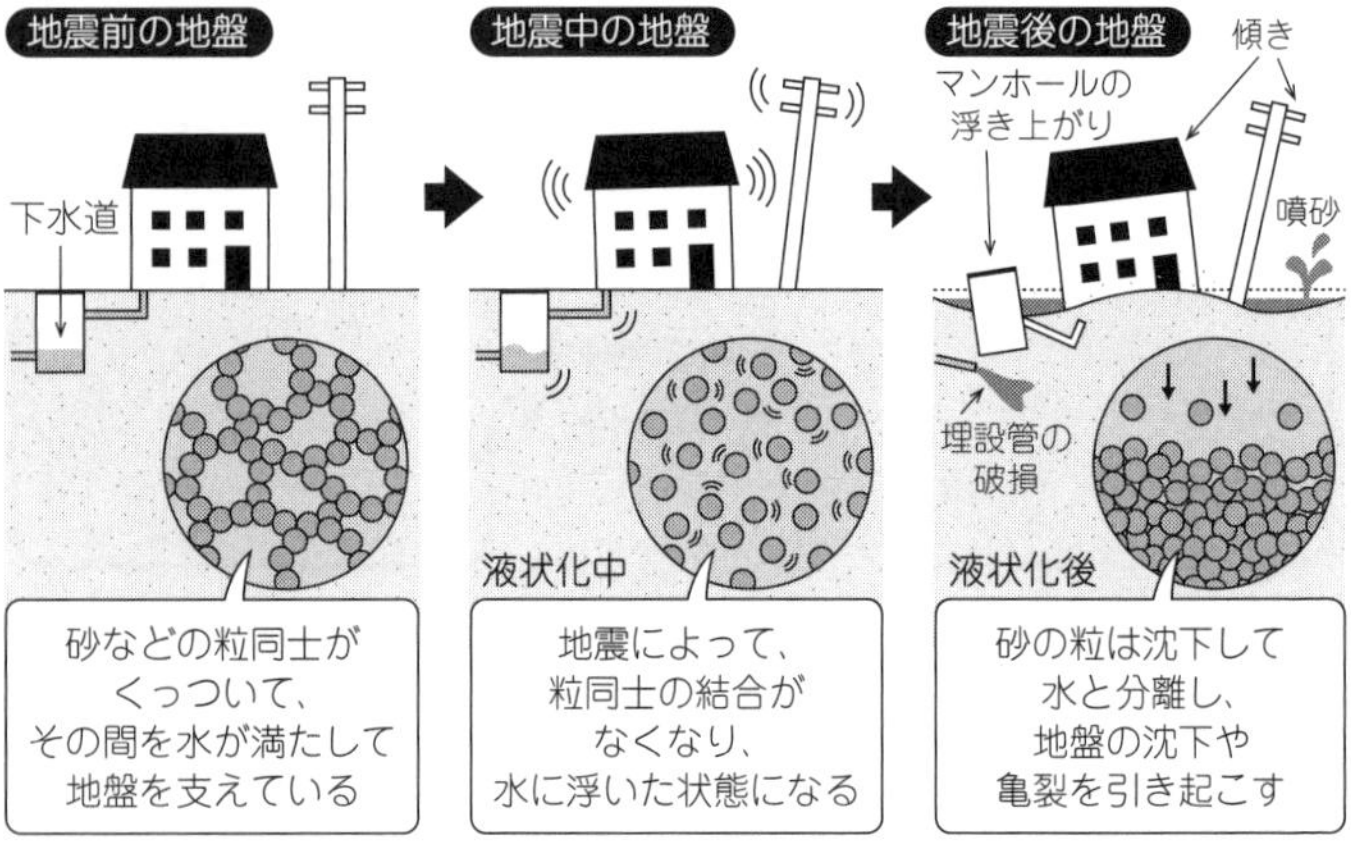
地震前の地盤
下水道
砂などの粒同士がくっついて、その間を水が満たして地盤を支えている
地震中の地盤
液状化中
地震によって、粒同士の結合がなくなり、水に浮いた状態になる
地震後の地盤
マンホールの浮き上がり
傾き
噴砂
埋設管の破損
液状化後
砂の粒は沈下して水と分離し、地盤の沈下や亀裂を引き起こす

なり、まるで液体のような状態になります。それで、砂より軽いピンポン玉が浮いて、重い鉄球が沈んだのです。

大地震の時の液状化現象には水が関係し、地震があるといつでも起こるわけではありませんが、上の図のように似たようなしくみで起こります。

液状化の起こる条件

自治体が公表している地盤被害（液状化）ハザードマップを見ると、同じ地区でも、液状化の起こりやすい場所と起こりにくい場所があることがわかります。次のような条件が重なると液状化現象が起こる可能性が高くなります。

①ゆるい砂地盤

同じ砂地盤でも、固い地盤では起こりにくく、ゆるければゆるいほど起こりやすくなります。また、粘土の地盤では液状化はかなり起こりにくくなります。

②水を含む砂地盤

地下水の水位が高い場合や大雨が降って地盤に水分が多く含まれているときには起こりやすくなります。

③大きな地震の揺れ

地震の揺れがある程度大きくなければ液状化は起こりません。また、揺れの時間が長ければ長いほど起こりやすくなります。

①、②を満たすような土地としては、もともと海や川・沼・池であったような所を埋め立てた場所、谷や沢を埋め立てた盛り土の造成地、砂鉄や砂利の採掘跡地を埋め戻した場所等が考えられます。

液状化による被害を軽減するためには、自分の住んでいる場所がどういう地盤かを知り、その上で必要であれば適切な液状化対策を実施することが大切になります。

これまでに日本を襲った大津波

津波はなぜ怖い

過去に発生した津波被害と津波の高さの関係を見ると、木造家屋では浸水一メートル程度から部分破壊が見られ、二メートルで全面破壊に至ります。浸水が〇・五メートル程度であっても船舶や木材などの漂流物が直撃すると建物に被害が出ることがあります。数メートルを超える高波は日常的に発生しています。津波は、波浪や高潮とはなにが違うのでしょうか。

強い風が吹いてできる海面の大きな波やうねりが波浪です。また、低気圧が近づくと気圧が低くなり、高潮が発生します。数メートルを超える高波や高潮でも浸水被害は起きますが、津波には及びません。津波も、波浪も高潮もいずれも高い波であることは変わりませんが、波浪や高潮は海の表面で起こる現象です。それに対して津波は海底から海面までの海水全体が短時間に変動し、それが周囲に波として広がっていき

◆波浪と津波の違い

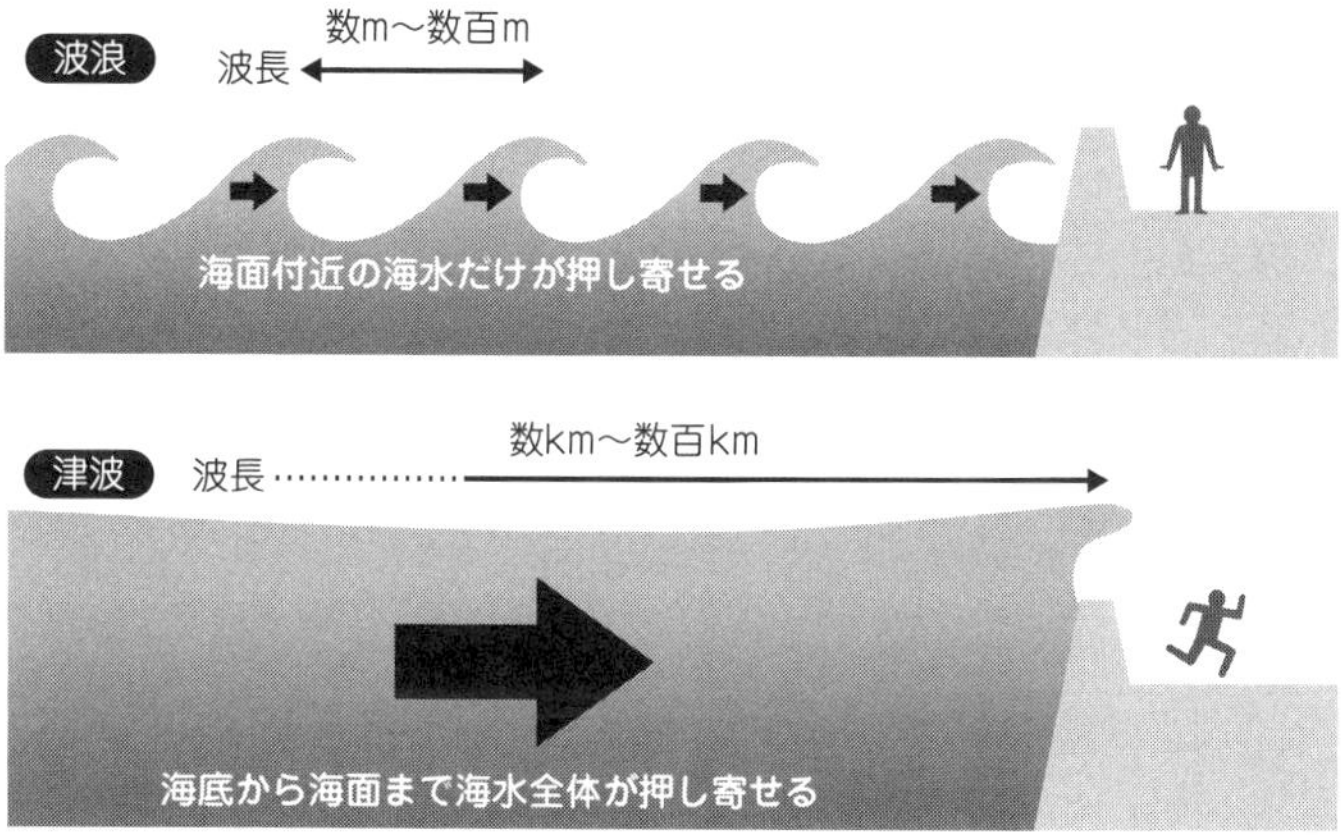

ます。そのため、波浪や高潮に比べて持っているエネルギーが圧倒的に大きく、大きな被害をもたらします。

また、津波は波長が長いので、陸地の奥まで侵入していきます。川では数キロメートルも逆流して上流にのぼって被害をもたらします。さらに、津波が引き返していくときには、引き波が長く続くため数キロメートル沖合まで流されることになります。

気象庁では、予想される津波の高さが〇・二メートルを超えると、「津波注意報」、一メートルを超えると「津波警報」、三メートルを超えると、特別警報の「大津波警報」を出します。

◆明治以降の津波により大きな被害をもたらした主な地震

発生時期	名称	マグニチュード	津波被害の大きかった所	死者・行方不明者
1896年（明治29）	明治三陸地震	M8.2	北海道から宮城県の太平洋岸	21,959人
1933年（昭和8）	昭和三陸地震	M8.1	北海道から宮城県の太平洋岸	3,064人
1944年（昭和19）	東南海地震	M7.9	遠州灘沿岸から紀伊半島	1,223人
1945年（昭和20）	三河地震	M6.8	遠州灘沿岸から紀伊半島	1,961人
1946年（昭和21）	南海地震	M8.0	遠州灘沿岸から紀伊半島・四国・九州の太平洋沿岸	1,443人
1960年（昭和35）	チリ地震	M9.5	太平洋沿岸各地	142人
1968年（昭和43）	十勝沖地震	M7.9	北海道から東北北部の太平洋沿岸	52人
1983年（昭和58）	日本海中部地震	M7.7	北海道から秋田県の日本海沿岸	104人
1993年（平成5）	北海道南西沖地震	M7.8	北海道奥尻島・渡島半島西岸	230人
2011年（平成23）	東北地方太平洋沖地震	M9.0	北海道から関東地方の太平洋沿岸	22,252人

※東北地方太平洋沖地震の死者・行方不明者は、平成31年3月8日現在

観測史上最大の津波

二〇一一年三月十一日に発生した東北地方太平洋沖地震による津波の被害は、想像を絶するものでした。右の表は、明治から令和元年までの気象庁観測の日本を襲った大津波をまとめたものです。

戦争中に起きた一九四四年の東南海地震、一九四五年の三河地震は報道も含めて記録がほとんどなく、戦後の一九四六年の南海地震も記録が戦災と一緒になっているので被害の実態が正確にわかっていません。それでも、東北地方太平洋沖地震津波は、明治三陸地震津波とともに被害がとびぬけて大きかったことがわかります。

津波常襲地帯

気象庁が記録を取る前の巨大地震や大津波の様子も古文書などから読み取ることができます。特に江戸時代以降の史料は政権側の記録だけでなく、民衆の記録も数多く残されていて、人々が災害と向き合っている様子や、復興の様子もわかります。もっと古い史料は、地質調査と重ね合わせることで、信頼性のある記録とする研究も進んできています。

平安時代の歴史書『日本三大実録』には、八六九年東北地方で発生した貞観津波で仙台平野が大海原になるほどの大津波が襲来した記録があります。近年行われた発掘調査では貞観の津波とされる砂の層が、海岸から四キロメートル以上も内陸に堆積していることが明らかになりました。

さらに調査を進めた結果、過去三千年の間に仙台平野には貞観津波に匹敵するような大津波が三回押し寄せていて、およその発生間隔は八百年から千年と推定されました。これらの研究成果は、二〇一一年四月をめどに「地震活動の長期評価」に反映し注意を促す予定だったのですが、その前に巨大地震が発生し大津波が押し寄せてしまいました。

周期的に起こる巨大地震や津波

日本付近では、四つのプレートがぶつかり合っています。海洋プレートは、年間数センチという一定の速さで大陸プレートの下に沈み込んでいます。海洋プレートが沈み込むとき、大陸プレートを引き込みます。引き込まれたプレートはひずみによる変形を蓄積させ、その限界を超えるとひずみが解放され地震が発生します。

◆プレートと津波発生のメカニズム

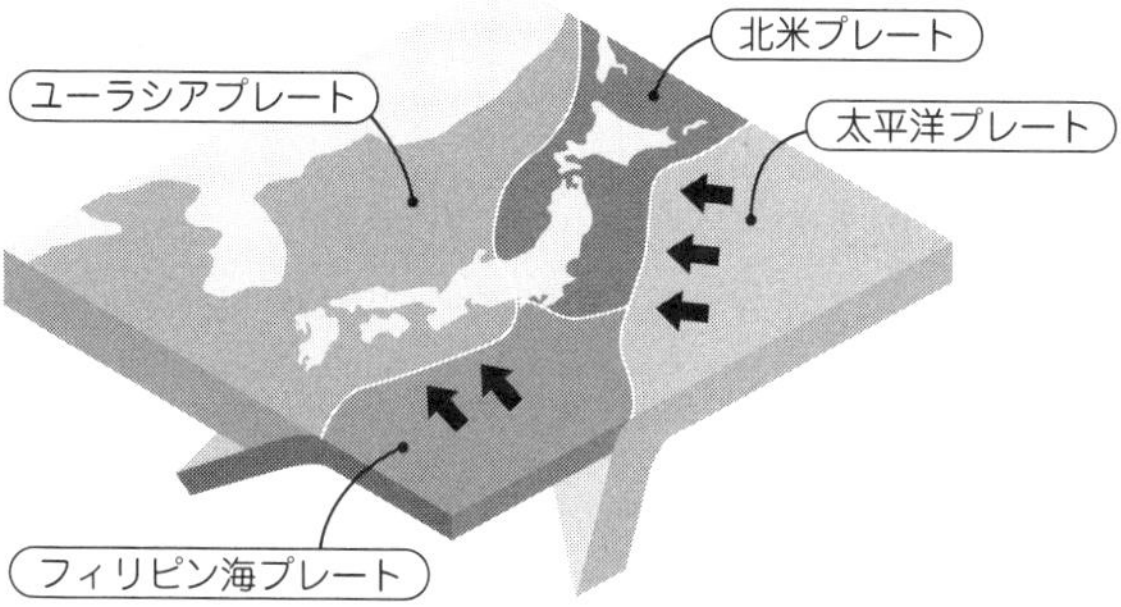

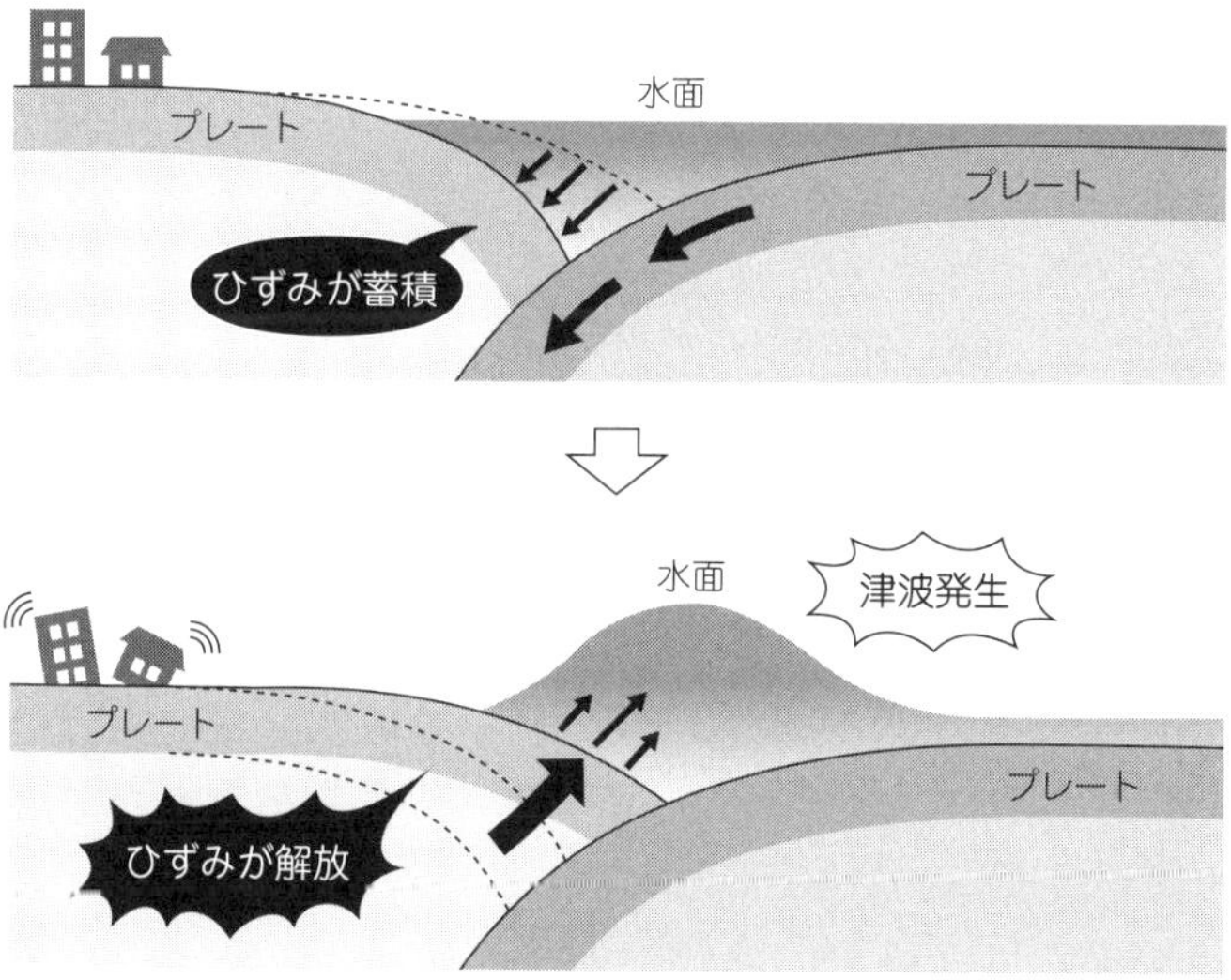

この時、プレートの端が大きく動くので、海水も大きく動き津波が発生します。また、プレートが一定の速さで動くので、ひずみも一定の速さで蓄積されます。そのため、周期的に地震や津波が発生します。

津波地震

津波地震とは、地震の揺れが小さくても、大津波を発生させる地震です。ひずみが解放される動きがゆっくりでも、地盤が大きく動けば、大きな津波が発生します。

一八九六年の明治三陸地震では、ゆらゆらとした弱い地震が発生しました。ところが、地震から三十分あまりたったころ大津波が襲ってきたのです。不意を突かれたため、二万人を超える犠牲者が出ました。

一六〇五年の慶長地震も、津波によって多くの死者が出ましたが、地震そのものによる被害は小さかったので津波地震であった可能性が高いと考えられています。

◆周期的に起こる海溝型地震

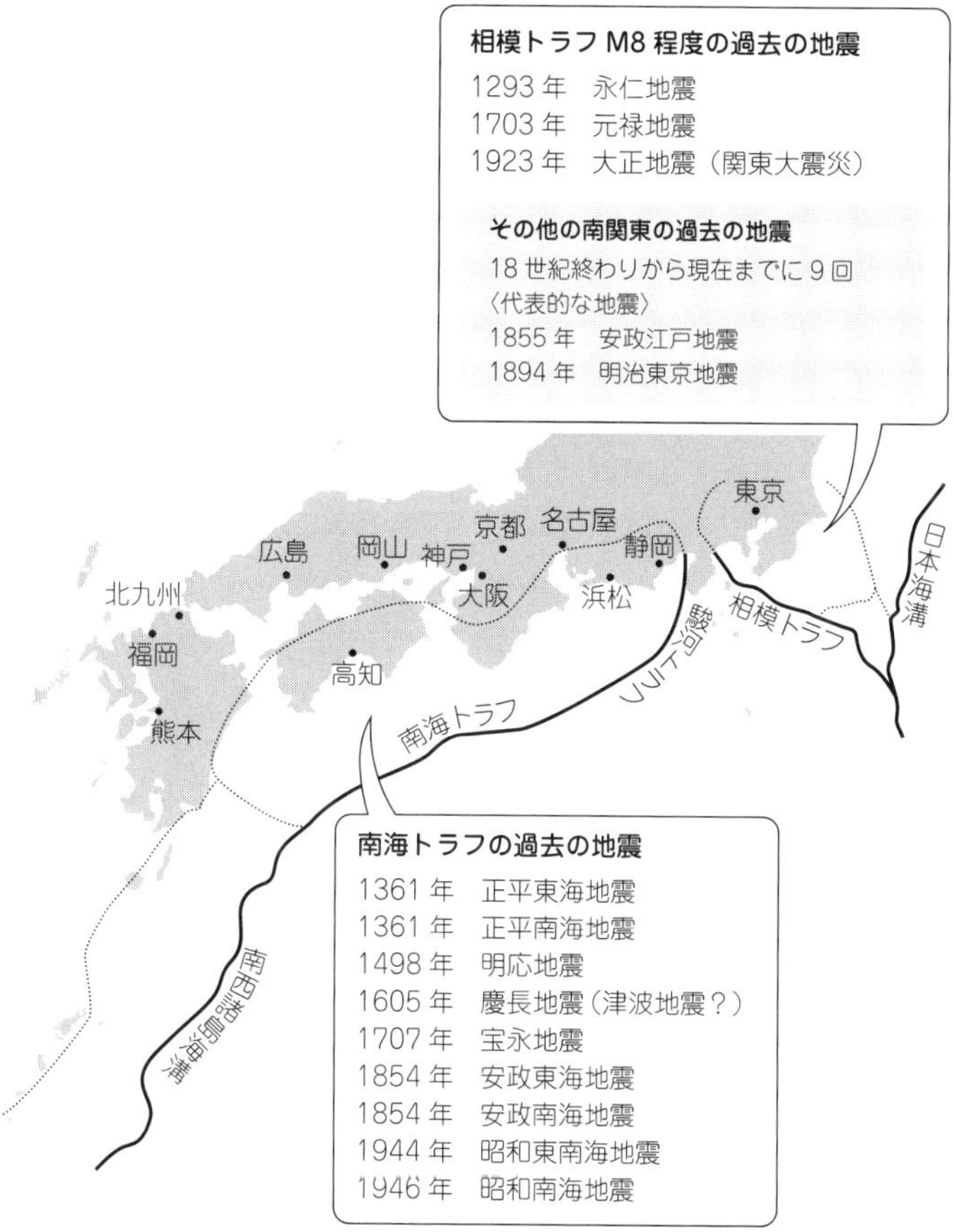

30年以内に地震が起こる確率が高い

※地震調査研究推進本部　2020年1月発表資料から

「活断層」の上に立つ原発がある!?

活断層とは

兵庫県南部地震(一九九五年　阪神・淡路大震災)が起こったときに、「阪神・神戸と淡路の活断層が動いた」と報道され、多くの人は初めて「活断層」という言葉に接することになりました。

この地震をきっかけに「断層」「活断層」が注目されるようになり、同時に日本列島が地震の活動期に入ったと言われました。

地震は地下の岩石に力が加わって破壊されたときの振動が四方に伝わっていったものです。岩石が破壊されると割れ目ができてその両側の岩盤がずれます。このようなずれを断層といい、地震は断層が動くことによって起こるとも言えます。

断層のなかで、最近動いたことがあるか、これから動く可能性のある断層のことを活断層といいます。日本列島にはおよそ二〇〇〇の活断層があり、活断層にはいつも力が加わっていて、耐えきれなくなると再び動いて地震を起こします。活断層が動いて起こった兵庫県南部地震では「野島断層」によって地面が水平に一～二メートル、垂直に〇・五～一・二メートルも動きました。

地下の比較的浅いところで、活断層が動いて発生する地震は私たちが住んでいるすぐ下で起こるので「直下型地震」とも呼ばれ、揺れと地表を切り裂くずれによって非常に大きな被害をもたらします。

活断層がかつていつ頃動いたのかを調べると次にいつごろ地震が起こるかをある程度予測することができます。

福島第一原発事故は活断層直上問題をクローズアップした

鈴木康弘氏著『原発と活断層　「想定外」は許されない』（岩波書店　二〇一三年）を参考に見ていきましょう。

土地直下の活断層（六甲―淡路島活断層系）が動いた兵庫県南部地震が起きたとき、原発と活断層の関係に懸念が強まりました。従来の原発立地の活断層認定には問題があり、活断層が見落とされているという指摘がなされました。

そのきっかけは島根原発の近くで、二〇〇六年に中国電力が活断層ではないとしていた場所で中田高氏（広島大学名誉教授）がトレンチ調査（溝〔トレンチ〕を掘り、その壁面に見られる地層の綿密な観察を行う）で長さ一八キロメートルの活断層を確認したことでした。

それは島根原発の耐震設計の想定を超えた活断層でした。中国電力は八キロメートル（後に一〇キロメートル）とし、設置許可が下りました。当時、長さ一〇キロメートルの断層は最大マグニチュード六・五の地震を起こすとされました。これは活断層の有無に関係なく設計に想定する地震規模だったので、長さ一〇キロメートルの断層ならあってもなくても関係ありませんでした。

原発の安全性を国民向けにアピールするパンフレットには「活断層の上には作らない」とはっきり書かれてきたが、「巨大地震や大津波はまず起こりえないから大丈夫だろう」「対策費を安く上げたい」という思惑のほうが優先されていたのでしょう。

東北地方太平洋沖地震（二〇一一年）の翌日、東京電力福島第一原子力発電所が激しい水素爆発を起こしました。この地震は五百～千年ぶりの巨大地震でした。これ以降、活断層直上問題がクローズアップされるようになりました。東北地方太平洋沖地震の一カ月後の四月十一日に起きた余震・誘発された地震とされた福島浜通りの地震は、東京電力が活断層と認めていなかった断層が大きくずれました。そこで、旧保安院は、全国の原発の近くにある活断層を再点検し、活断層の可能性が見過ごされている例があることを指摘しました。

従来の原発は立地場所が決まってから活断層調査をするために、活断層の存在を否定したり、活断層の大きさを小さくしがちになってきたようです。いったん原発開発が始まると軌道修正が難しい面があります。たとえば日本原子力発電の敦賀原発では、一号機設置のとき敷地内を通る湖底断層は活断層ではないとされ、その後の二号機設置のときも見なおされず、その前提のまま三、四号機の増設が申請されました。資料に活断層の可能性を示唆するものがあり、トレンチ調査の結果、極めて明瞭な活断層だとされました。

活断層過小評価の実例

鈴木康弘氏の著作には、活断層過小評価の実例として、すでに述べた島根原発周辺の鹿島（宍道）断層、敦賀原発敷地近傍の湖底断層以外に次が示されています。

志賀原発周辺の海底活断層

北陸電力は、志賀原発周辺海域の海底活断層を長さ六〜七キロメートル程度の短い断層に三分割し、全体が同時に動くことはないとしていた。

その活断層が能登半島地震（二〇〇七年三月）を起こし、想定を超える強い揺れに見舞われた。能登半島にはほかにも活断層が数多く分布している。

柏崎刈羽原発沖合の海底活断層

新潟県中越沖地震（二〇〇七年七月）で、東京電力の柏崎刈羽原発は、敷地内に著しい地盤変状が起きるなど、大きな被害を受けた。しかし震源断層について基本的なことがなかなか決着しなかった。

鈴木康弘氏らは、原発設置許可申請書のなかにある音波探査記録を確認し、設置許可のときに海底活断層を見落としていることに気づいた。東京電力は当時、「死んでいる断層、短いのでの影響は小さい」などしていたが、長さが約五倍あった。

下北半島周辺の海底活断層

下北半島には東北電力東通原発、東京電力東通原発（建設中）、日本原燃の六ヶ所村原子燃料サイクル施設があり、さらに大間に電源開発が新たな原発建設を進めている。

下北半島の沿岸地域には海底活断層が多く存在し、その一部は陸域にもかかっていると推定されるが、これまでのところ耐震設計上、ほとんど考慮されていない。

下北半島の東方沖に、長さ一〇〇キロメートルに及ぶ大陸棚外縁断層と呼ばれる明瞭な断層がある。活断層ではないとされてきたが、池田安隆氏（東京大学）は反射法探査結果から明らかな活断層だと主張。六ヶ所村原子燃料サイクル施設にはその直下にこの断層から派生した六ヶ所断層があり、渡辺満久氏が地形面を変形させていると指摘している。東通原発では敷地内断層が多くあり、原子力規制委員会は二〇一三年五月の評価会合で、そのうちの多くは耐震設計上考慮する活断層であるとした。さらに大間原発周辺には、海岸に地震性隆起の痕跡が確認される。（以上）

メディアで報道された原発と活断層

原発の安全性については、原子力規制委員会が東京電力福島第一原発事故（二〇一一年）の反省を踏まえて作った新規制基準に基づいて審査しています。事故後に定期検査などで止まった原発は審査に合格しないと再稼働できません。

新規制基準では、敷地周辺にある活断層や南海トラフ地震のような海溝型の巨大地震などによる揺れを想定し、そのなかで最大の揺れに見舞われても、建物や施設の安全性に影響が出ないことを求めています。

鈴木康弘氏の本以降でも、原発と活断層をめぐってメディアで取り上げられていきます。たとえば次のような報道がありました。

四国電力伊方原発三号機の運転差し止めを認めた仮処分決定（広島高裁）

二〇二〇年一月十七日、広島高裁が四国電力伊方原発三号機（愛媛県伊方町）の運転差し止めを認めた仮処分決定。原発近くの活断層と火山の影響評価について疑義を示した。伊方原発の敷地の近くに活断層がある可能性を否定できないと指摘した。

四国電力は、伊方一、二号機の廃炉を決めており、司法判断が覆るまで三号機が稼働できない。

原発の「未知の活断層」対策強化、二〇二〇年に基準改正

原子力規制委員会は二〇一九年九月十一日の定例会で、全国の原子力発電所に求める「未知の活断層」への対策の強化について、二〇二〇年二月頃に関連の規制基準を改正することを決めた。電力会社は耐震性の再評価が必要になる。規制委は二〇一九年十月に電力会社の意見を聞き、その上で猶予期間を設定する。

原発の規制では地震への対策としておもに「原発周辺に存在する活断層による地震」と「未知の活断層による地震」への耐震性を求めている。

影響を最も受けそうなのが九州電力の玄海原発（佐賀県）と川内原発（鹿児島県）だ。多くの原発は近くにある大きな活断層が動いて地震が起きた場合の強い揺れを想定した耐震性を備えている。これに対し、九電の二原発は周辺に大きな活断層がないため、未知の活断層を想定した揺れへの耐震性が基準に

なっている。

敷地内の活断層の有無が再稼働審査の焦点となっている原発

北海道電力の泊原発では、規制委は「敷地内の断層が活断層の可能性が否定できない」として、北電の見解と対立している（二〇二〇年一月現在）。

敷地内の活断層の有無が再稼働審査の焦点になっているのは日本原子力発電の敦賀原発（福井県）と北陸電力の志賀原発（石川県）だ。両原発について、規制委が設置した有識者会議は二〇一五、一六年にまとめた評価書で、敷地内に活断層がある可能性を指摘した。

敦賀原発に関しては、二号機の直下に活断層があると結論づけた。志賀原発は有識者会議が一号機の直下にある断層が「活断層だと解釈するのが合理的」、二号機近辺の断層も「活動した可能性がある」と評価している。（以上）

日本列島のどこでも大きな被害が出る大地震が起こる可能性があります。

日本周辺で起きる地震の八五％は海底に震源があります。したがって、太平洋と日本海の沿岸には大津波に襲われる可能性があります。

そんな日本列島に立地されている原発には、とりわけ安全性が求められます。原発はもちろん、不特定多数の人が利用する学校や病院など活断層の直上に置くことは禁止すべきです。

Part Ⅱ

火を噴く火山列島の恐怖

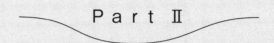

恐るべき日本列島の火山分布

噴火するかもしれない火山

美しい景観が広がる日本列島、日本は世界でも有数の火山地帯にあるため、多くの火山があります。火山が作り出す絶景も、人々が訪れる観光スポットになっていて、噴き出す噴煙を見たり、硫黄のにおいをかいだりすると、まさに地球が生きていると実感します。同時に、今噴火が起きることはないのかと不安を感じることもあります。

かつて、休火山・死火山という言葉が使われていました。噴火活動が見られる火山を活火山。過去に噴火の記録のある火山を休火山、記録のない火山を死火山と呼んでいました。しかし、休火山、死火山といわれる火山が、噴火する例が観測されたことから、これらの分類は使われなくなりました。

現在気象庁では、今も噴火活動を続けている火山に、将来噴火するかもしれない火山を含めて一一一の火山を「活火山」として公表しています。

◆我が国の活火山分布

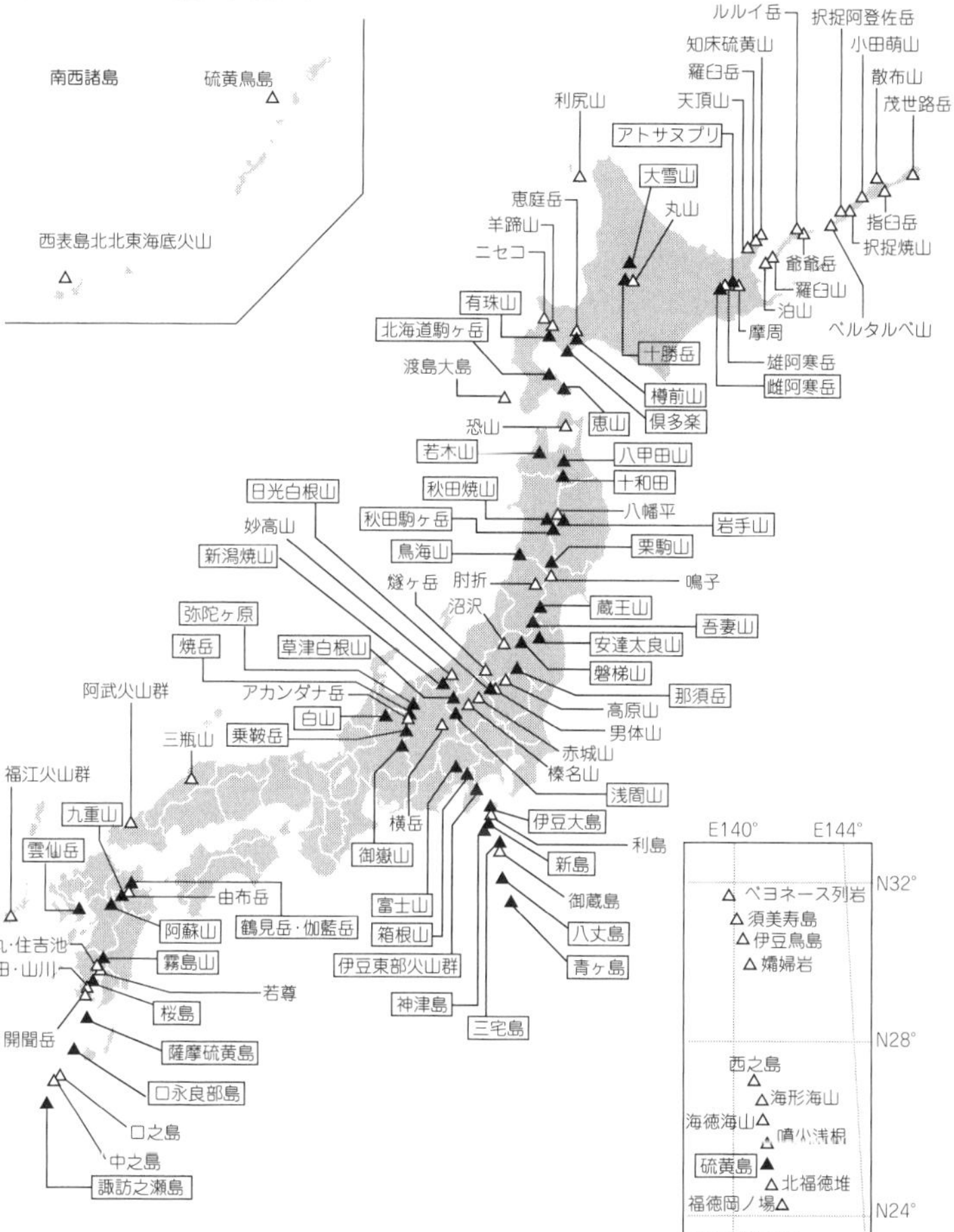

名前が枠で囲まれた▲の活火山は、常時観測の火山

※気象庁　我が国の活火山の分布図から

すべての火山について、将来の噴火の可能性をあらかじめ判断することは難しいのですが、噴火による被害を最小限にするためには必要なことです。日本では、過去二千年に噴火したことのある火山を含め八六の火山が活火山とされていました。研究が進むと休眠期間がそれよりも長い火山もあることがわかり、二〇〇二年に活火山の定義が見直され「概ね過去一万年以内に噴火した火山及び現在活発な噴気活動のある火山」として活火山は一〇八になり、現在では一一一の活火山が指定されています。

常時観測の火山

活火山のなかには、噴火の可能性の低いものから、現在も噴火していて目が離せないものまでさまざまな火山が含まれています。防災のためには、噴火の前兆をとらえて噴火警報等を的確に発表することが必要となります。しかし、活火山の数が増えるとすべて同じように観測することは難しくなります。

二〇〇九年、火山噴火予知連絡会で「火山防災のために監視・観測体制の充実等が必要な火山」として四七の火山を選定しました。これを受けて、気象庁では二十四時間体制で観測・監視をしてきました。

◆火山フロント

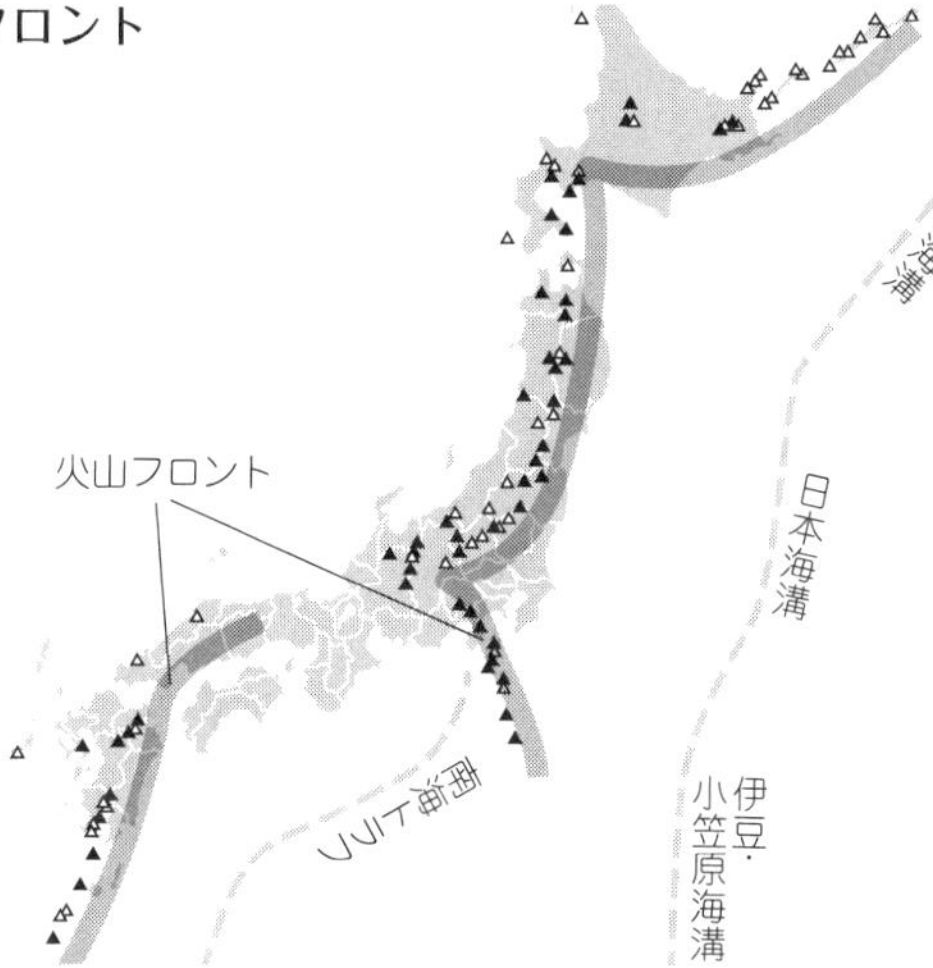

しかし、二〇一四年九月の御嶽山噴火では適切な警報を出すことができませんでした。まだまだ火山噴火の予知は難しいということです。この年「御嶽山の噴火災害を踏まえた活火山の観測体制の強化に関する緊急提言」が出され、追加された三つの火山を加えた五〇の活火山について観測体制の強化が図られています。

火山フロント

活火山の分布をみると、海溝やトラフに平行して列状に並んでいることがわかります。この列から海溝側には、活火山は存在しないことから、「火山フロント」と呼ばれています。

恐怖の高速火砕流

火山災害のいろいろな要因

日本には多くの火山があります。気象庁が活火山として番号をつけているものは一一一もあります。これらの火山は時として、人智が及ばないような大災害を引き起こします。

溶岩流、火砕流、火山泥流、山体崩壊、地震、火山性津波、火山ガス等が直接、人々を襲うことがあります。また、噴火により噴出された岩石や火山灰が堆積しているところに大雨が降ると土石流や泥流が発生し、下流の町を飲み込むこともあります。気象庁としては、大きな噴石、火砕流、融雪型火山泥流の三つについては、噴火にともなって発生し、避難までの時間的猶予がほとんどなく、生命に対する危険性が高いということで、防災対策上重要度の高い火山現象として位置づけています。それゆえに恐ろしい現象ですが、有史以前から多くの人類を痛めつけてきた現象はなんといっても火砕流です。

火砕流とは、噴火により放出された溶岩の破片や火山灰が火山ガスといっしょに重力によって山を流れ下る現象です。火砕流の速度は時速一〇〇キロメートル以上で車で逃げても追いつかれてしまうほどの速さです。温度は数百℃に達することもあり巻き込まれたら建物や自動車、人などは、燃えてしまいます。この火砕流が日本で一般に認知されたのは、一九九一年長崎県島原市の雲仙普賢岳で四三名の命を奪った災害が発生したのが始まりです。

過去の恐ろしい火砕流

火砕流は恐ろしい現象ですが、実は過去、雲仙普賢岳のものとは比べものにならないような巨大な火砕流が発生したことがあります。それはカルデラ噴火の時です。

そもそもカルデラとは大きなくぼ地のことで、スペイン語で大鍋の意味です。カルデラは、日本には、おもに北海道、東北地方と九州地方にいくつもあります。できた原因は、巨大噴火で大量のマグマが地下のマグマだまりから噴出したときに、空洞になったマグマだまりを埋めるように地面がかん没してできました。形成後は、再び噴

◆カルデラのでき方

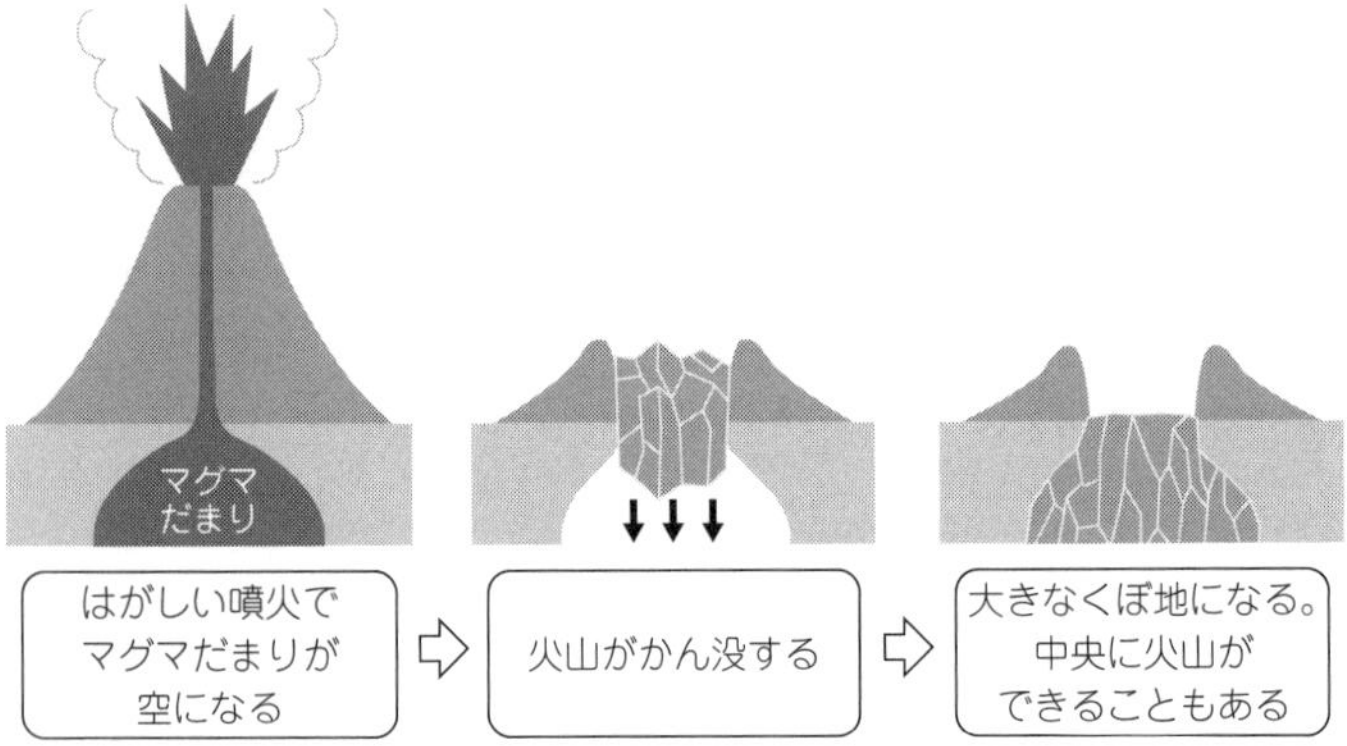
マグマ
だまり
はげしい噴火で
マグマだまりが
空になる
火山がかん没する
大きなくぼ地になる。
中央に火山が
できることもある

火活動によって阿蘇山のように中央に火口丘ができたり、桜島のように外輪山近くで新たな火山ができたりするものもあります。また、カルデラが大きく火山活動する時は、超巨大噴火により大量の火砕流が発生してまわりを壊滅させることもあります。

　すべて有史以前の噴火ですが、約九万年前に阿蘇カルデラで日本最大級の超巨大噴火が起こり、火砕流は現在の北九州一帯を壊滅させ、日本全土が火山灰に埋もれました。約二万九千年前には、姶良《あいら》カルデラの巨大噴火が起こり、火砕流が一週間で現在の鹿児島県本土を埋め尽くして平らな地形にし、現在のシラス台地ができました。最後にカルデラが大噴火したのは、七千三百年前で、鹿児島県本土と屋久島の間にある海底の鬼界《きかい》カルデラが大噴火し、火砕流が海上を移動して南九州の縄文文化を壊滅させました。

現在、同じようなカルデラ大噴火が起きたら、近代的な日本という国はなくなってしまうかもしれません。怖いことに鬼界カルデラ噴火レベルは、カルデラ全体で過去十二万年の間に一〇回発生し、少し小さい巨大噴火も入れると七千年に一度という確率になるようです。ということは、最後の鬼界カルデラ噴火から七千三百年、確率的には、いつ起きてもおかしくないということになります。

火砕流が尊い人命を奪った火山災害

火山災害の例一　雲仙普賢岳

――一九九一年六月三日　死者四三人

一九九一（平成三）年五月から始まった雲仙普賢岳の噴火では、小規模な火砕流が頻発しましたが、そのなかのやや規模の大きい火砕流によって四三人が犠牲になりました。

火山災害には、溶岩流、火砕流、火山泥流、山体崩壊、地震、火山性津波、火山ガスによるものがあります。たとえば、一九八三年の伊豆諸島の三宅島で発生した割れ目噴火では、山腹を流れ下った溶岩流が集落を襲い、四〇〇戸近くの家屋を溶岩の下に埋めてしまいました。物的被害は多々あったのですが、それでも一人の死傷者も出ませんでした。緊急避難が円滑に行われたからです。溶岩流は逃げる場所さえあれば歩いて逃げることが可能です。

◆溶岩流と火砕流

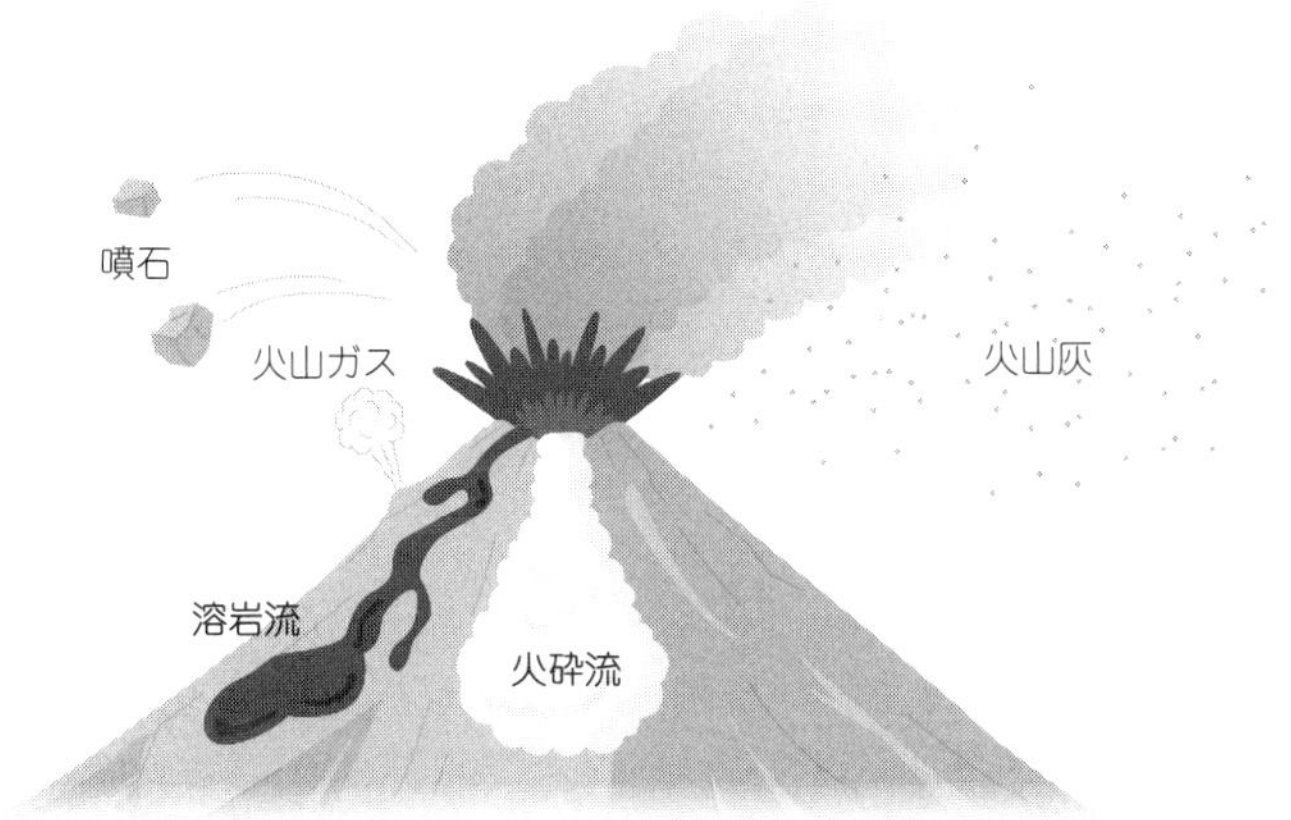

ところが、火砕流は、時速一〇〇キロメートルの高速で流れるので逃げることが難しくなります。また、極めて破壊的でもあります。

火山泥流は、火砕流に水（氷をふくむ）が加わったものです。事例としては南米コロンビアのネバドデルルイス火山の噴火（一九八五年）の火山泥流被害がありま す。約二万五〇〇〇人の犠牲者でした。

雲仙普賢岳の噴火のときは火砕流が発生しました。火砕流は、火口から噴出したちぎれちぎれになった溶岩の破片（火山弾、火山れきや火山灰）が火山ガスと入り交じって、山腹を高速で流れ下るものです。

この噴火のとき、二酸化ケイ素成分を多

くふくんだ粘性の高いマグマを多く噴出しました。マグマに粘りがあるため、溶岩は固まって、噴火口から顔を出し溶岩ドームをつくり、マグマが上がってきてドームは成長を続け、上ってくるマグマによって押し出されて不安定になり、ドームの先端は崩壊し、火山ガスと混じり合って火砕流を発生したのです。

最初の火砕流は一九九一年五月二十四日でした。最大の人的被害を出したのは六月三日の火砕流によってでした。死者四三人のうち報道関係者が一六人、次いで地元の消防団員一二人でした。ハリー・グリッケンなど米国の火山学者三人もふくまれています。

グリッケンは、米国のセント・ヘレンズ山が一九八〇年の大噴火で有名になった前後で、同山の研究を行っていました。彼は、卒業研究の面接に応じるために、同僚の火山学者ジョンストンと観測当番を入れ替わり、ジョンストンが噴火が原因で亡くなったことで自分を責めました。その彼が雲仙普賢岳で溶岩ドームの崩壊を研究しているときに起きた火砕流に巻き込まれてしまったのです。

ふだんは穏やかなボクたちも
ひとたび噴火すれば
被害は甚大

突然の噴火で戦後最悪の火山災害

火山災害の例二　御嶽山

——二〇一四年九月二十七日　死者・行方不明者六三人

二〇一四（平成二十六）年九月二十七日十一時五十二分に、長野県と岐阜県の県境に位置する御嶽山（標高三〇六七メートル）の噴火が発生しました。

御嶽山は噴火警戒レベル一でした。噴火警戒レベルは、「火山防災のために監視・観測体制の充実等が必要な火山」として火山噴火予知連絡会によって選定された五〇火山のうち、四八火山（二〇一九〔令和元〕年七月現在）で運用されています。火山活動の状況に応じて「警戒が必要な範囲」と防災機関や住民等の「とるべき防災対応」を五段階に区分しています。

レベル一は「活火山であることに留意」、レベル二は「火口周辺規制」、レベル三は「入山規制」、レベル四は「避難準備」、レベル五は「避難」です。レベル一は、「火山活動の状況」は「火山活動は静穏。火山活動の状況によって、火口内で火山灰の噴出等が見られる（この範囲に入った場合には生命の危険が及ぶ）」、「住民等の行動」は「通常の生活」、「登山者・入山者への対応」は「特になし（状況に応じて火口内への立入規制等）」と説明されています。火山性微動が観測されたのは噴火のわずか十分前。

気象庁が噴火を発表したのが十二時で、十二時三十六分には噴火警戒レベル三に引き上げましたが、すでに大惨事が起こってしまっていました。噴火規模としては、決して大規模のものではなく、火山灰噴出量は雲仙普賢岳の噴火（一九九一年）の四〇〇分の一しかありません。

レベル一だったので、登山者は何の心配もなく登ったことでしょう。

御嶽山は深田久弥氏著『日本百名山』の一つです。季節的には紅葉の最盛期。しかも多くの人（二〇〇人以上でしょうか）が頂上付近に到達していて昼食をとったり、とろうとしていました。頂上付近には立錐の余地なく人がひしめいていました。そこにいきなり噴火が始まったのです。噴火は、水蒸気爆発です。マグマから岩石を伝わってきた熱で地下水が一気に水蒸気に変わって、その体積変化で爆発したのです。

噴煙であたりは真っ暗になり、その空からまだ熱い火山れきが降り注ぎました。噴煙高度は火口から最大七〇〇〇メートルと推定されています。高所から落下してきた噴石に打たれたり、熱い噴煙に巻かれたり、火山灰に埋まったりして呼吸ができなくなって亡くなった人たちが出ました。

火口付近に居合わせた登山者ら五八人が死亡し、行方不明者五人です。これは、日本における戦後最悪の火山災害です。

火山噴火予知は難しい

有珠山噴火（開始は二〇〇〇［平成十二］年三月三十一日）では火山性の有感地震が増え始めた三月二十八日に北海道大学有珠火山観測所長の岡田弘教授や噴火予知連絡会の井田喜明会長が「噴火の前兆」「噴火の可能性」を発表し、これを受けて周辺市町村は自主避難が始まり、三月二十九日には伊達市、壮瞥《そうべつ》町、虻田《あぶた》町において避難勧告が避難指示に変更されるなど万全の体制がとられ、最大で六八七四世帯、一万五八一五人が避難指示、勧告の対象となりました。

火山でマグマが上昇してくると、噴火の前兆現象として火山性微動、火山性地震、山体の隆起などが起こり、地磁気や電気伝導度、火山ガス中の成分などに変化が見られることが多いのです。これらを観測することで噴火を予知しています。

しかし、御嶽山の場合には、噴火の十分前に火山性微動の観測がされるまで、ずっと噴火警戒レベル一だったのです。まだまだ火山噴火の予知は難しいということです。現在、噴火警戒レベル一の活火山でも、いつも避難を準備する余裕をもって前兆現象が見られるのかということがわからないのです。

噴火予知はできるのか？

噴火予知とは

火山噴火が起きるときは、溶岩や火山灰などの火山噴出物が出てくるので、必ずまわりにわかります。では、それらが出てくるときはすんなり静かに出てくるのか、そんなことはありません。地下深くからゆっくり、または急に火山噴出物の元であるマグマが上ってくるときは、なんらかの兆候（地震活動や隆起や沈降、傾斜などの地殻変動など）が見られます。それらをキャッチし、それを過去の火山噴火の経験に照らし合わせて時間的空間的に関係がわかるようになれば、噴火を予知できます。

噴火予知で大切なことは次の五つです。

①いつ噴火するのか。何時間後か何日後か。

②どこで噴火するのか。山頂、山の中腹、山の麓《ふもと》か。

③どのような噴火スタイルか。ドロドロと溶岩が流れるようなスタイルか、大爆発するスタイルか。
④どのくらいの噴火の大きさか。マグマの量はどれくらい出るのか。
⑤どれくらいで終わるのか。数回の噴火で終わるのか、何年も続くのか。

これらのことを是非とも知りたいのですが、現代の精密な観測機器や世界の研究成果をもってしても、正確に予知することは難しいです。また、これまでの日本では、前兆現象をとらえてから数時間後から数日後の噴火予知がほとんどで、時には数分後ということもあります。そして、噴火の前兆と考えられる現象をとらえていても噴火しないこともよくあります。

噴火予知のための観測システム

気象庁では、東京の本庁に設置された「火山監視・警報センター」、札幌・仙台・福岡の各管区気象台に設置された「地域火山監視・警報センター」において、日本に一一一ある活火山の火山活動を監視しています。

特に富士山や浅間山、桜島など五〇の常時観測火山では、噴火の前兆をとらえるために、地震計、傾斜計、空振計、ＧＮＳＳ観測装置（火山周辺の地殻の変形を検出する）、監視カメラ等の火山観測施設を整備しており、大学等研究機関や自治体・防災機関等からのデータ提供も受け、火山活動を二十四時間体制で観測・監視しています。また、各センターには「火山機動観測班」があり、そのほかの火山も含めて現地に出向いて計画的に調査観測を行っていますし、火山活動に高まりが見られた火山については、現象をより正確に把握するために随時、観測体制を強化しています。

最近では、東京大学地震研究所の田中宏幸教授が開発した「ミューオグラフィー」という研究が注目されています。簡単に言いますと、宇宙線の一種であるミュー粒子（ミュオン）を用いて火山のレントゲン写真が撮れるものです。今までは、火山のなかのマグマの状態は表に出てきた物質を調べて推測することしかできませんでしたが、ミュオンを用いて火山のなかのマグマの状態を直接調べることができれば、火山噴火の仕組みがわかり、将来的には噴火予知にも役立つと考えられています。

現在は気象庁が、これらの観測システムの結果を基に噴火警戒レベル（火山活動の状況に応じて「警戒が必要な範囲」と防災機関や住民等の「とるべき防災対応」を五段階に区分して発表する指標）を発表し、噴火警報・予報を発表します。市町村等の防災機関では、あらかじめ合意された範囲に対して迅速に入山規制や避難勧告等の防災対応をとることができ、噴火災害の軽減につながると思われます。

噴火予知は成功するのか？

二〇〇〇年三月末、北海道・有珠山が噴火しました。

この災害では、噴火前の前兆現象がはっきりしていて住民の迅速な避難が行われました。このことで世間は噴火予知がこれからできると期待しましたが、この噴火予知の成功は有珠山の主治医と呼ばれる科学者・岡田弘氏の研究から判断された部分も大きかったので、他の火山も同じようにというわけにはいきません。

怖いことに、活火山については、いろいろと観測されていますが、国家滅亡クラスの大噴火を引き起こすカルデラの観測は十分ではありません。それゆえ、カルデラ大噴火が起きるときの前兆現象も完全にわかっているわけではないのです。

これからの観測体制の確立、研究が進むことを期待します。

もし富士山が大噴火を起こしたら……

有史後の噴火

信頼できる富士山噴火の記録は一〇回あります。そのうち多くの被害を出した噴火が次の二つです。

・八六四年〈貞観噴火〉最近二千年の間で最大の溶岩を噴出し、当時「せのうみ」と呼ばれていた大きな湖に流れ込み、埋め残った部分が精進湖、西湖になりました。流れ出た溶岩は、富士山の北西のすそ野を広く覆い、現在の「青木ヶ原樹海」ができました。

・一七〇七年〈宝永噴火〉南東山腹から爆発的に噴火が始まり、黒煙、噴石、空振、降灰砂、雷が発生しました。その日のうちに一〇〇キロメートル離れた江戸にも多量の降灰をもたらし、昼間でも明かりをつけないといけない暗さだったそうです。

富士山噴火

宝永噴火から三百年間、富士山は静かなままです。この間にも地下のマグマだまりに少しずつマグマはたまっており、いつか必ず上昇してきて噴火につながります。しかし、それがいつかということを予想することは難しいのです。そこで、「もし富士山噴火が起きたなら」の最悪のパターンを考えてみましょう。

最近の噴火に倣《なら》って、山腹の宝永火口近くで突然大噴火ということにします。

まず、大きな爆発音と火柱が見え、大量の火山灰や噴石を噴き出します。噴石は、噴火口から半径二〇キロメートルの範囲内では、一〇センチメートルくらいまでの熱い噴石が飛ぶ可能性があり、直撃で死者が出たり、建物や車の窓ガラスなどが割れたり、山火事が起こるでしょう。火山灰は偏西風に乗り東に流れていきます。神奈川は三〇センチメートル以上、東京、千葉、埼玉南部は一〇センチメートル以上の降灰となり、多くの家屋に積もり倒壊多数、道路・鉄道・空港の使用不可で交通機関は麻痺《まひ》します。これで物流が完全にストップします。

次にライフラインです。まず電気に影響が出ます。火山灰の重みで電線が切れたり、変電所に火山灰が入り込んでショートさせたり、コンピュータまでもが誤作動を

◆富士山噴火　降灰可能性地図

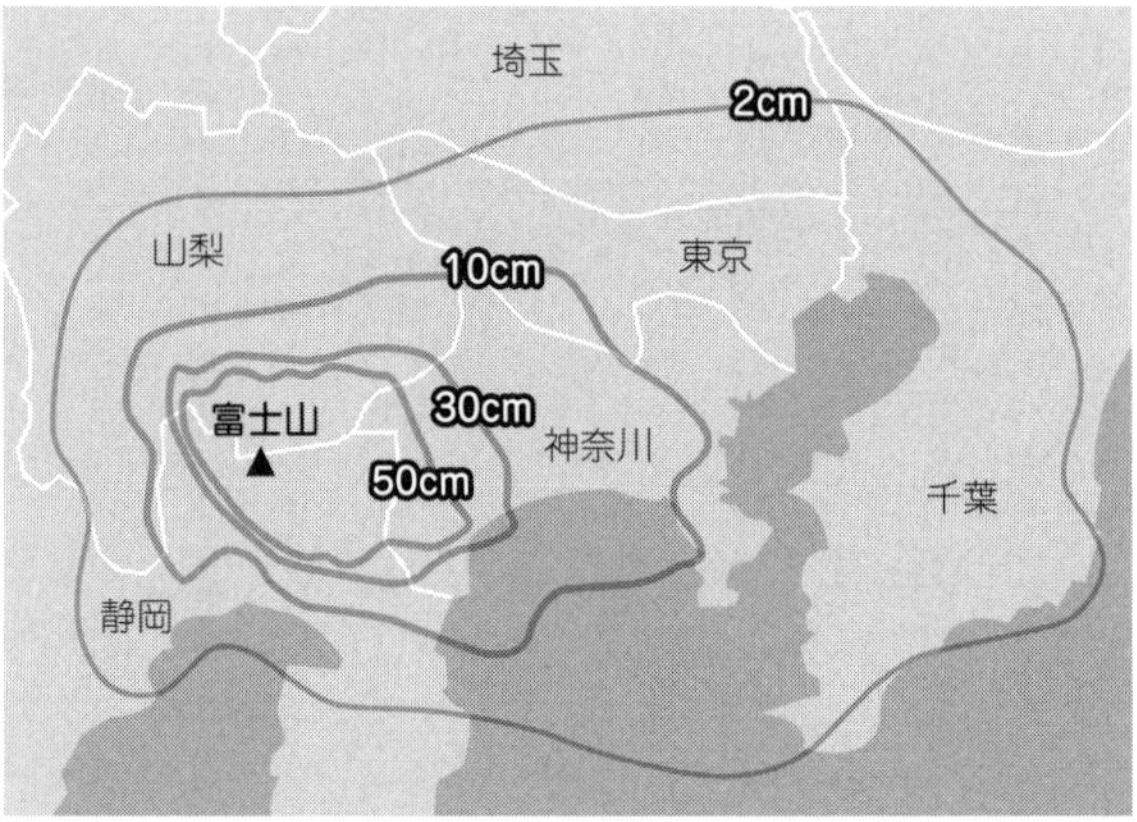

起こしストップする可能性があります。電気が止まれば浄水場の機能もストップ、下水道などは火山灰でつまり機能停止、空が火山灰に覆われたら電波障害が起こり、情報も得られなくなるでしょう。各地からの救援も、この大噴火ではすぐに入れないかもしれません。交通手段がなければ、徒歩で移動するという人もいるでしょうが、厚く堆積している火山灰のなかをどれだけ進めるでしょうか。この状態が長引けば、水や食べ物の不足につながり、トイレも使用できません。恐ろしいことです。

また、溶岩が流れ出したなら、富士山のまわりの町まで到達する可能性がありますが、噴出量が予想以上に多かった場合、新幹線、東名高速道路、国道一号線などを寸断します。

富士山に厚く雪が積もっている冬ならば、噴火の際、高温の噴出物が雪を溶かし水と混じって麓の町をあっという間に飲み込む可能性もあります。

一番恐ろしい災害が、山体崩壊です。地震やマグマの突き上げにより山自体が破壊され崩れることです。富士山は、過去何度も山体崩壊しています。これが起こると周辺数十万人の被害が出るとされています。

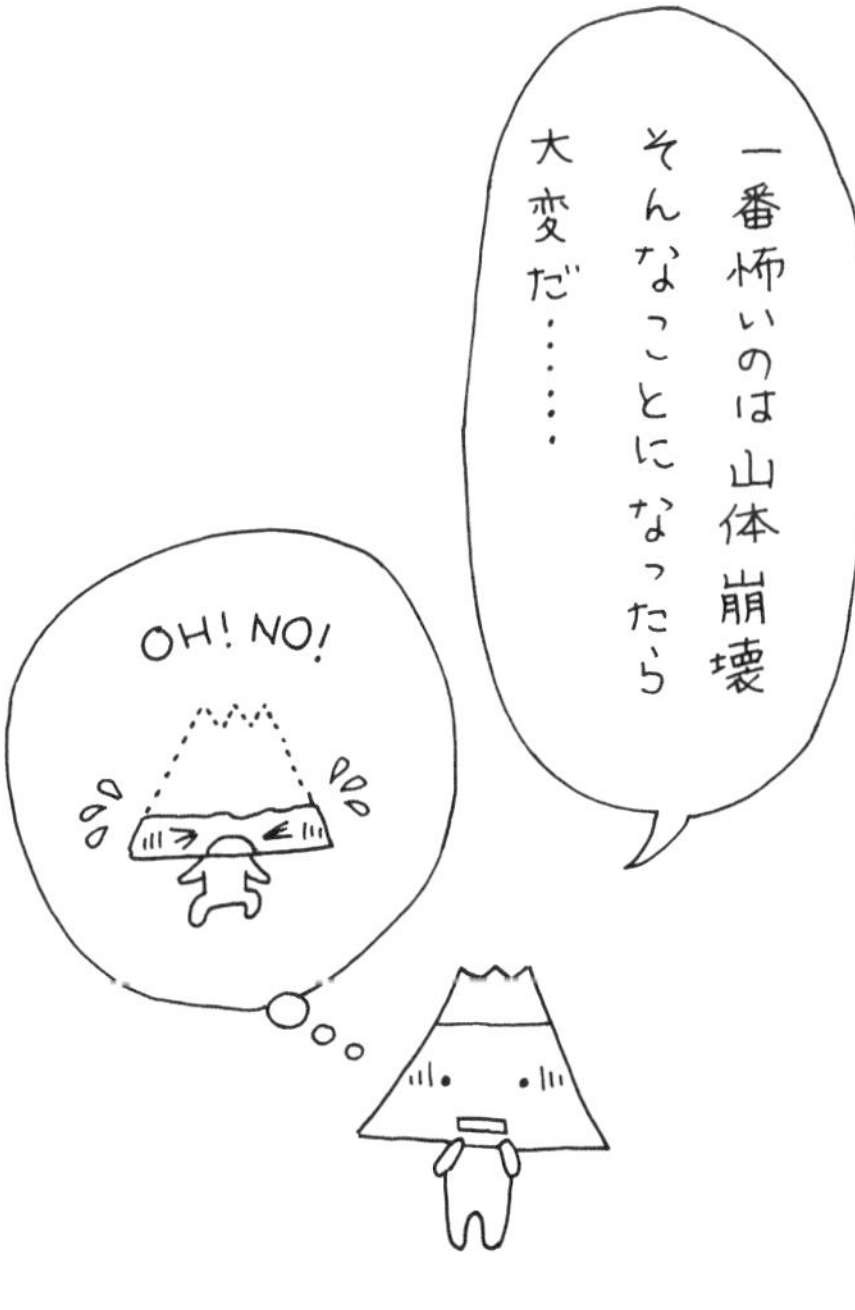
一番怖いのは山体崩壊
そんなことになったら
大変だ……
OH! NO!

Part Ⅲ

恐ろしい気象とその災害

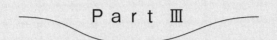

今が氷河時代ってホント？

氷河時代とは

「今は氷河時代の真っ只中です」と言ったら、信じますか？

皆さんは氷河時代といえばどのようなイメージを思い浮かべるでしょうか。雪降る中を太古の原始人がマンモスを狩る様子などが浮かぶのではないでしょうか。それはある意味正しいです。ただし、全地球的にそのような気候だと思われていたら、それは間違いです。氷河期でも赤道地域は雪など降らない、普通に暖かい気候でした。

氷河時代とは北半球と南半球の両方に氷床、つまり一年中融《と》けない大規模な氷がある時代を指します。氷床は、大陸に降った雪が夏に融けずにまた冬を迎え、積もり重なるうちに氷の塊になって大陸を覆ったものです。つまり地球の両半球にそれぞれ氷床が少しでもあれば氷河時代で、地球全体が雪や氷で覆われる必要はありません。現在は北半球のグリーンランドと南半球の南極大陸が一年中氷床に覆われているので、れっきとした氷河時代になります。

地球全体が雪や氷で覆われた時代は、以前は無かったと考えられていました。なぜなら、その時点で生命は根絶してしまうと考えられたからです。しかし最近になってどうもあったらしいことが判り、これを全球凍結（スノーボールアース）と呼ぶようになりました。ただし、それはおよそ二十二億年前と七億年前、そして六億五千万年前であり、人類はおろか、地球上に高等生物は未《いま》だいない、微生物だけの時代の出来事でした。

地球史で見る気候の歴史

四十六億年前に地球ができてからしばらくは灼熱地獄で、環境もめまぐるしく変化しましたが、およそ四十億年前くらいに海ができてからは比較的安定しました。途中で三回の全球凍結や、「石炭紀」の寒冷期などがありましたが、全体的にはおおむね温暖であったと言ってよいでしょう。ただし、この「温暖」というのは我々の感覚の温暖とは大きく異なり、地球上のどこを見わたしても万年氷である氷床は見当たらず、平均気温は現在よりもはるかに高かったのです。その後、新生代に入って徐々に

◆吹雪の中のマンモスとそれを狩る原始人

寒冷化が始まり、二百六十万年前からは両半球に氷河氷床が常に存在する氷河時代に突入します。

現在の氷河時代に入ってからの時代を第四紀と呼ぶので、現在は新生代第四紀となります。第四紀は全地球史から見ると一貫して寒冷ですが、そんな中でもより寒冷な時期と、比較的温暖な時期を交互にくり返しています。より寒冷な時期は「氷期」と呼ばれ、中緯度地域にも氷床が存在しました。比較的温暖な時期は「間氷期」といい、現在のように両半球の氷床は高緯度地域に限られました。最後の氷期は「ヴィルム氷期」と呼ばれ、その頃は北欧やカナダも今の南極大陸のように分厚い氷床に覆われました。日本は氷床に覆われることはなかったものの、現在のシベリア並みの寒さで、高地には山岳氷河が発達しました。この氷期は一万年前に終結し、現在の間氷期に入りました。

先ほど第四紀は氷期と間氷期を交互にくり返してきたと言いました。これを詳しく見ると、氷期はどれもおよそ十万年間続き、そのあと急速に温暖化して間氷期が訪れます。しかし、どの間氷期も一万年間程度しか続かず、また寒冷化して氷期に戻ってしまうのです。

今回の間氷期はすでに一万年を経過しているので、いつ氷期に逆戻りするかわかりません。世界では人間活動による地球温暖化問題が取り上げられ、気温の上昇が心配されていますが、そのうち一転して地球の自然変動による気温の低下に悩まされるかもしれません。

異常気象の怖さ

異常気象って、よく耳にするけれど、定義ってあるの？

豪雨や猛暑、日照不足などがニュースになると、「異常気象」という言葉を目にしたり、「最近は異常気象がつづくね」などと言ったりすることがあります。

いつもと違った天気や気候の状態に対して、不安の気持ちを込めて使われる異常気象という言葉ですが、異常気象には定義があります。気象庁では、異常気象を原則的に次のように定義しています。

「ある場所（地域）・ある時期（週、月、季節）において三十年に一回以下で発生する現象」

そして、これよりも頻繁に起こるようなことでも、気象災害を起こしたり、経済的に大きな損害を与えたりすることで社会に影響を与えるものも「極端な現象」として、異常気象と同じように情報提供をすることで注意を促しています。

異常気象の時間・空間スケール

ゲリラ豪雨とも呼ばれる、局地的豪雨の数キロメートルの範囲に数時間程度の継続時間の多量の降水から、記録的に暑い夏といった、時に大陸規模で季節を通じて長く続く高温まで、異常気象と呼ばれる現象の空間と時間のスケールはさまざまです。

たとえば、二〇一五～一六年の冬（十二月～二月）の天候は注目する時間・空間スケールを変えてみると、まったく異なった様相が見える冬でした。日本ではこの冬の平均気温は全国的に高温で東日本は歴代二位、西日本は歴代三位の暖冬でした。

もっと大きく地球全体を見ると、十二月、一月と過去の記録を大きく上まわる暖かい冬になりました。しかし、二〇一六年一月二十二日から二十五日にかけて、東アジアは記録的な寒波に見舞われました。日本では日本海側を中心に大雪になり、寒気の流入の影響は西日本や南西諸島で大きく、九州各地で水道管が破裂し断水したほか、沖縄本島で観測史上初めて雪（みぞれ）が観測されました。

このように、大きな時間・空間スケールでは観測史上一番暖かい冬でしたが、一週間に満たない時間スケールでは、記録的な寒さに見舞われていたのです。今年は暖冬だと思っていた日常に突然の厳しい寒さがやってくるのはとても怖いことです。

自然のゆらぎが生み出す異常気象

このような異常気象を生み出す原因とは何でしょう。

異常なことを引き起こすのだから、地球の大気や太陽になにかこれまでとは違ったおかしなことが起こっているのでは――と思われるかもしれません。しかし、異常気象の一つ一つの原因を分析してみると、その多くは地球の気候のしくみがもともと持っている振動のような性質、ゆらぎとでもいうべきものが関係しています。このようなゆらぎの要素を「自然変動」と呼びます。

たとえば、偏西風がいつもとは異なる流路をとっていたり、熱帯域での大気の循環がいつもとは違っていたというようなことがあげられます。こういったゆらぎの要素の一つが大きく振れた時や、もしくは、いくつかの要素の振れがたまたま重なり合うことで、より大きな振れとなった時に、異常気象が起こると考えられています。

自然変動が原因であるから、これまで私たちは、ある期間、異常な気象現象を経験しても、そこからまた日常として経験してきた気温や降水量といった気象状況におおむね戻ってこられているといえるかもしれません。

◆異常気象の原因となる自然変動の例

エルニーニョ現象

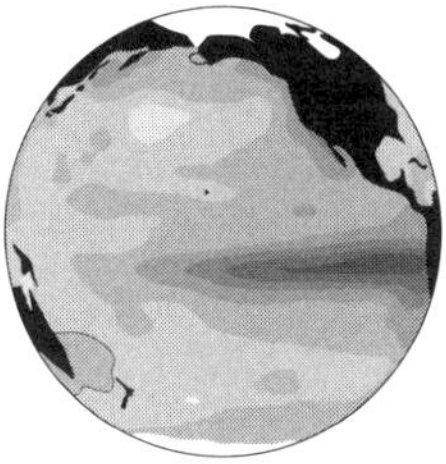

ラニーニャ現象

太平洋の赤道域での海面水温が通常とは異なる分布となる。

ブロッキング現象

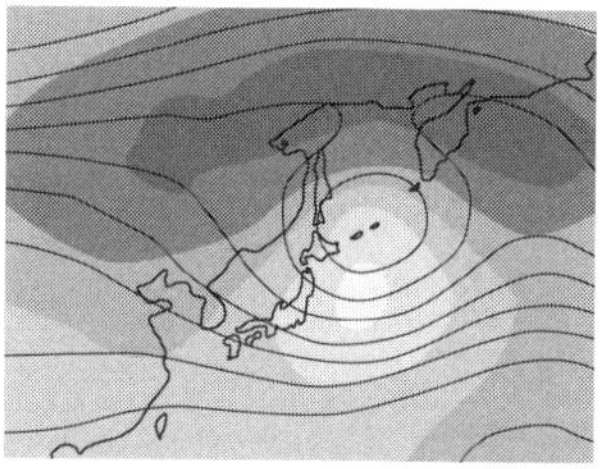

偏西風のような地球をめぐる
大きな大気の流れが蛇行し、
それが停滞すると
同じ天候が長期間続く。

アジアモンスーン変動

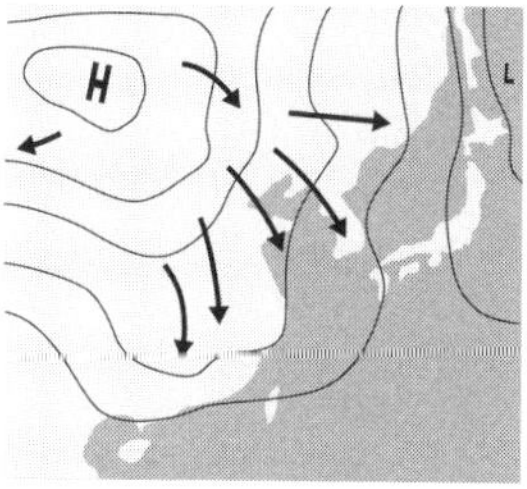

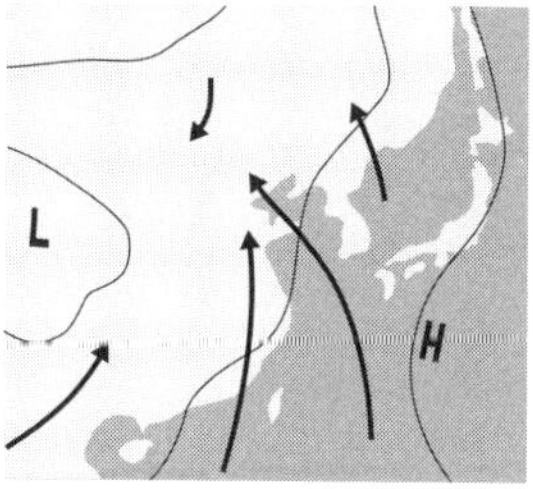

高気圧:Hと低気圧:Lの強さや配置が通常と変わり、
季節風の吹き方が変わることによって、雨の降る場所や量が変わる。

気象災害にはどんなものがあるか？

気象災害とはなにか？

気象災害とは、大気のさまざまな現象によって人が亡くなったり、家財・建造物が喪失したりして、人間活動がふだんどおりにはできなくなる現象です。四方を海に囲まれ、平野部が少なく多くの川が流れている日本は、今まで多くの気象災害に見舞われてきました。

気象災害は、気象の役割によって、次の三つに分けることができます。

①気象の持つ直接的な破壊力による災害。強風、豪雪、長期間の乾燥、季節外れの低温や高温、ひょう、雷など。

②気象に付随する現象の破壊力による災害。大雨による洪水、気圧低下と強風にともなう高潮、強風による高波など。

③災害をもたらす現象を、気象によりその破壊力を集中または拡散させる災害。弱風時の大気汚染、強風で乾燥時の大火など。

気象災害の地域的特徴

日本は季節変化がはっきりしており、国土が南北に長いため、地方によってかなり様子が異なります。そして多くの人がいたるところで生活しているため、さまざまな災害が発生します。

台風が頻繁に襲来する地方、雪の多い地方など、地域によってその災害の要因が異なります。地域による差の原因はそれだけではありません。たとえば雪の少ない地域では、多い地域に比べて防災対策が進んでいないため、少しの雪でも被害が発生するなど被害対象物そのものや防災対策も地域によって違ってきます。気象庁が発表する雪などの注意報や警報の発表基準は地方によって異なります。

気象災害の歴史的変遷

気象災害が変化する要因は三つあります。気象変動などの気象現象そのものの変

◆日本災害消長図

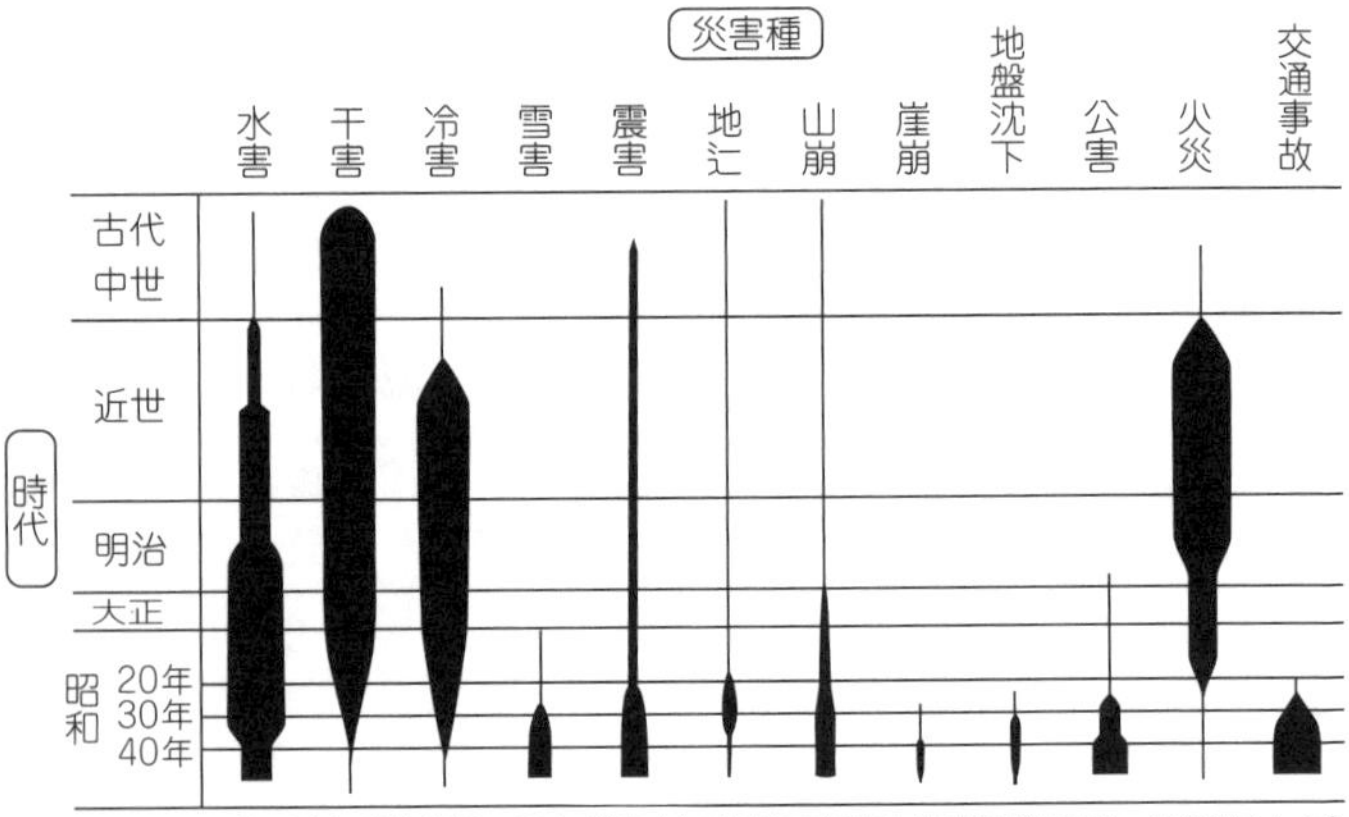

（西川泰「戦後期の日本災害史における意義」防災科学技術、1968による）

化、社会環境の変化にともなう人間生活の変化、治水対策などの人間が自然に対して働きかけなどによって起こる変化です。次の図は各時代の各災害の重要度をベルトの幅で示しています。細い直線は、災害はあっても問題にならないことを、丸みを帯びて広がる場合は急激な増加を示しています。これらの変化のほとんどが社会要因によるものと考えられます。

十二世紀には干ばつの件数の著しい減少が見られます。これは灌漑《かんがい》施設が充実してきたためであろうと推定されています。徳川幕府が成立した十七世紀は日本における近世の始まりで、地方の藩制が整い各地で大規模な治水工事が行われました。特に、家康は、江戸において大胆な河川工事を実施しています。そこには三つの理由がありました。一つ目が洪水対策、二つ目が豊かな農地を作るための灌漑工事、三つ目は江戸へ日本中の物資を集めるための物流機能の整備でした。家康による河川改良事業は「利根川の東遷、荒川の西遷」と呼ばれています。

近代における気象災害の変遷

一九六〇年代に多くの気象災害がその形態を変えました。一九六一〜七五年の台風による死者数は、それ以前の二十年間にくらべて顕著に減少しています。この減少は洪水、高潮に対する治水工事や、海難事故に対する船舶の運航管理の安全対策の強化によるところが大きいと考えられます。

その一方で、弱い台風での死者数が多くなっています。これは人口の過密化、傾斜地での宅地造成、道路建設などによる人工崖の増加のため、崖崩れや土石流の被害が増えたことによります。またレジャー人口が増加したことにより気象災害にあう確率が増えたことも影響しています。地面がアスファルトやコンクリートで覆われたことにより雨水が地面にしみこまず、水害につながる都市型災害もあります。

深刻な災害をもたらす爆弾低気圧

災害をもたらした急速に発達した低気圧

二〇一二年四月二日に中国・黄海で発生した一〇〇八ヘクトパスカルの温帯低気圧（左図⑥）は、朝鮮半島を横断し、三日に日本海に入り急速に発達しました。三日の十五時には九七二ヘクトパスカルまで急速に気圧が下がり、四日三時には閉塞前線上に新たな低気圧が発生し、四日十五時にはオホーツク海上で九五〇ヘクトパスカルまで発達しました。これにより、低気圧の中心付近や寒冷前線上の積乱雲により、西日本を中心に集中豪雨や突風で五人が死亡し、建物や農作物に被害を与えました。また、首都圏は鉄道の運休や国内旅客線五〇〇便以上の欠航が起きました。最近では二〇一九年二月二十八日から三月二日にかけて急速に発達した低気圧（左図⑧）は、各地で暴風が発生し、鉄道の運休や航空機だけでなく、人的・物的被害も発生しました。

◆急速に発達した低気圧の経路と急速な発達時の位置

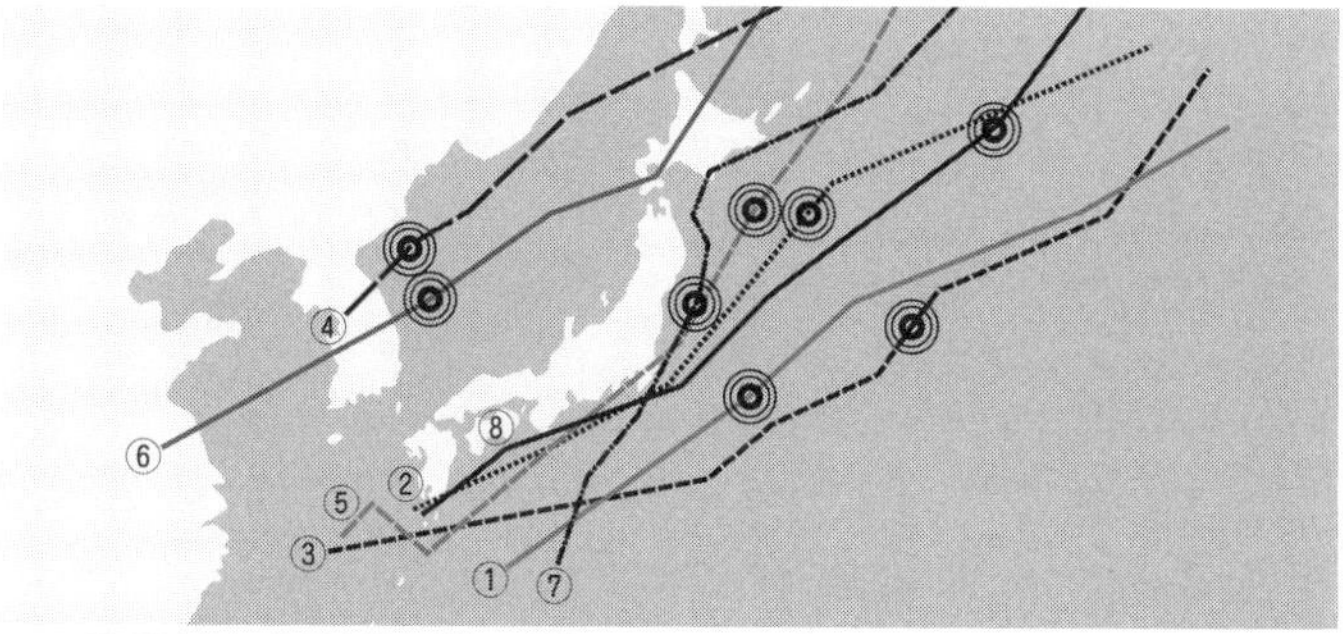

①2013年１月14日発生の低気圧
②2014年12月16日発生の低気圧
③2000年３月19日発生の低気圧
④2004 年11月26日発生の低気圧
⑤2006年2月１日発生の低気圧
⑥2012年4月２日発生の低気圧
⑦2007年1月６日発生の低気圧
⑧2019年2月27日発生の低気圧

このような急速に発達する低気圧は、一九七八年に大西洋を航海中の豪華客船クイーン・エリザベスⅡ号の被害を契機に爆弾低気圧と呼ぶようになりました。

発生しやすい時期とコース

爆弾低気圧の発生は、冬の日本海や本州の東海上、春から初夏にかけては日本海が多いです。この時期は、日本の北に寒気、南には暖気があり、それぞれがぶつかる海上で、温度差をエネルギーとする温帯低気圧が急速に発達しやすいです。地球温暖化にともない日本付近の黒潮の温度も高くなり、海面からのエネルギーの供給量が増えていることも原因と言われています。

爆弾低気圧は、冬から春にかけては強い南風や春一番をもたらし、各地で暴風や激しい降雨があります。また、ゴールデンウィークの頃にも発生すると、大荒れの天気となり、寒冷前線により標高の高い場所では季節外れの大雪による被害をもたらすこともあります。

深刻な気象災害をもたらすという点において、熱帯低気圧や台風と爆弾低気圧は似ています。台風は、おもに夏から秋にかけて日本の南海上で発生し、太平洋高気圧の西の縁を回り北上し、偏西風に乗って日本付近を北東に進みます。爆弾低気圧は、おもに冬から春にかけて東シナ海や本州南岸で発生し、偏西風に乗り北東に進みながら急速に発達して大規模災害をもたらすことがあります。

予報が大変難しい

台風は、数日前から進路や強度の予報が予報円で示す確率情報として発表されています。しかし、爆弾低気圧は、数時間で急速に発達することもあり、発生のタイミングが摑《つか》みにくいのです。そのため、大きな被害をもたらします。特に雪をともなう冬場は、旅行先で空港の閉鎖や暴風雪により道路が通行止めになるなど交通網にも大き

◆2014年2月8・9日の天気図

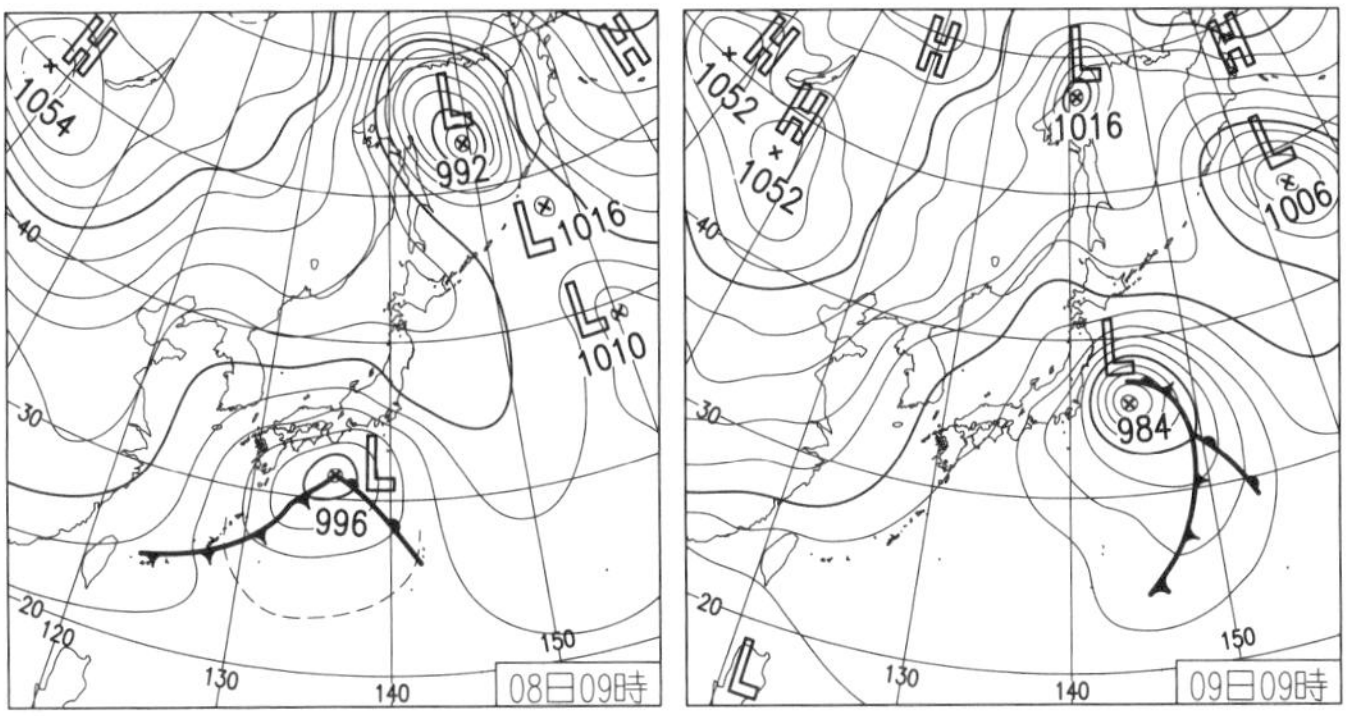

※気象庁（日々の天気図より）

な影響を与えます。

関東に大雪を降らせる低気圧

発達しながら日本の南海上や南岸を通過する低気圧は、太平洋側の地域に降水をもたらしますが、特に冬から春の初め頃にかけて八丈島付近を通過すると関東平野部で大雪となることがあります。二〇一四年二月七日から九日にかけて本州の南海上を低気圧が発達しながら通過し、関東地方に大雪をもたらしました。東京では降雪量二七センチメートルと二十年ぶりの大雪になり、熊谷や千葉でも過去最大値を記録しました。

台風による災害

台風とは

台風は熱帯低気圧の一種で、熱帯の海上で上昇気流の場が発達し、低気圧性の渦を巻いたものです。水蒸気は大量の熱エネルギーを持っているので、熱帯の湿った空気が上昇を始めると上昇気流が加速して積乱雲となります。するとその下の空気は薄くなって気圧が低下し、周囲から湿った空気が流れ込みます。これが自転の影響で曲げられて反時計回りの渦を巻き、再び上昇気流に供給されるようになると上昇気流は止まらなくなります。こうしてできた熱帯低気圧のうち、北太平洋西部で発達したものを特に「台風」と呼んでいます。

強風、豪雨、高潮

台風による災害は、おもに強風、豪雨、高潮によってもたらされます。強風は中心気圧の低下による周囲との気圧差が、豪雨は湿った空気の上昇による積乱雲がもたらします。高潮は台風が通過するときに海面水位が一気に上昇して陸地に流れ込む現象で、言ってみれば台風によって生じる津波のようなものです。これは中心付近の上昇気流による「吸い上げ効果」と、海岸線に向かって吹く強風による「吹き寄せ効果」が原因で生じます。条件が限定的なので滅多に起きない現象ですが、いったん起きると多数の溺死者《できししゃ》が出て犠牲者数が跳ね上がるのが特徴です。

昭和の三大台風

観測史上で最も被害の大きかった台風のベスト三は「伊勢湾台風」「枕崎台風」「室戸台風」で、これらをまとめて「昭和の三大台風」と呼ぶときもあります。

・室戸台風

一九三四（昭和九）年の室戸台風は、特に暴風による被害が大きかった台風です。高知県室戸岬付近に上陸したときの気圧は九一一・六ヘクトパスカルで、これは本土上陸時の気圧として今でも観測史上最低の記録です。この気圧がもたらした暴風の最大風速は、当時、風速六〇メートルまでしか測れなかった室戸岬の風速計を破壊してしまったので正確にはわかっていません。こうした暴風が木造の小学校を粉砕崩壊、あるいは倒壊させたことで、校舎内にいた多くの児童・教員が犠牲になりました。また気圧の低下と風の吹き寄せも激しかったので、高潮が発生して、大阪湾一帯で多くの溺死者も出しました。死者行方不明者合わせて三〇〇〇人という被害の大きさ以上に、多くの幼い命が奪われたことで人々が心を痛めた台風災害でした。

・枕崎台風

一九四五（昭和二十）年の枕崎台風は、豪雨による被害が大きかった台風です。特に平成二十六年八月豪雨の時と同様に広島県の土砂災害が大きく、花こう岩が風化したもろい真砂《まさ》からなる急傾斜地の至るところが崩壊し、多くの家屋が土砂にのまれました。死者行方不明者は合わせて三五〇〇人という甚大なものになりましたが、特に被害の中心となった広島は原爆が投下されたおよそ一カ月後のことであり、惨禍に追い打ちをかける結果となりました。

◆高潮の原因概念図

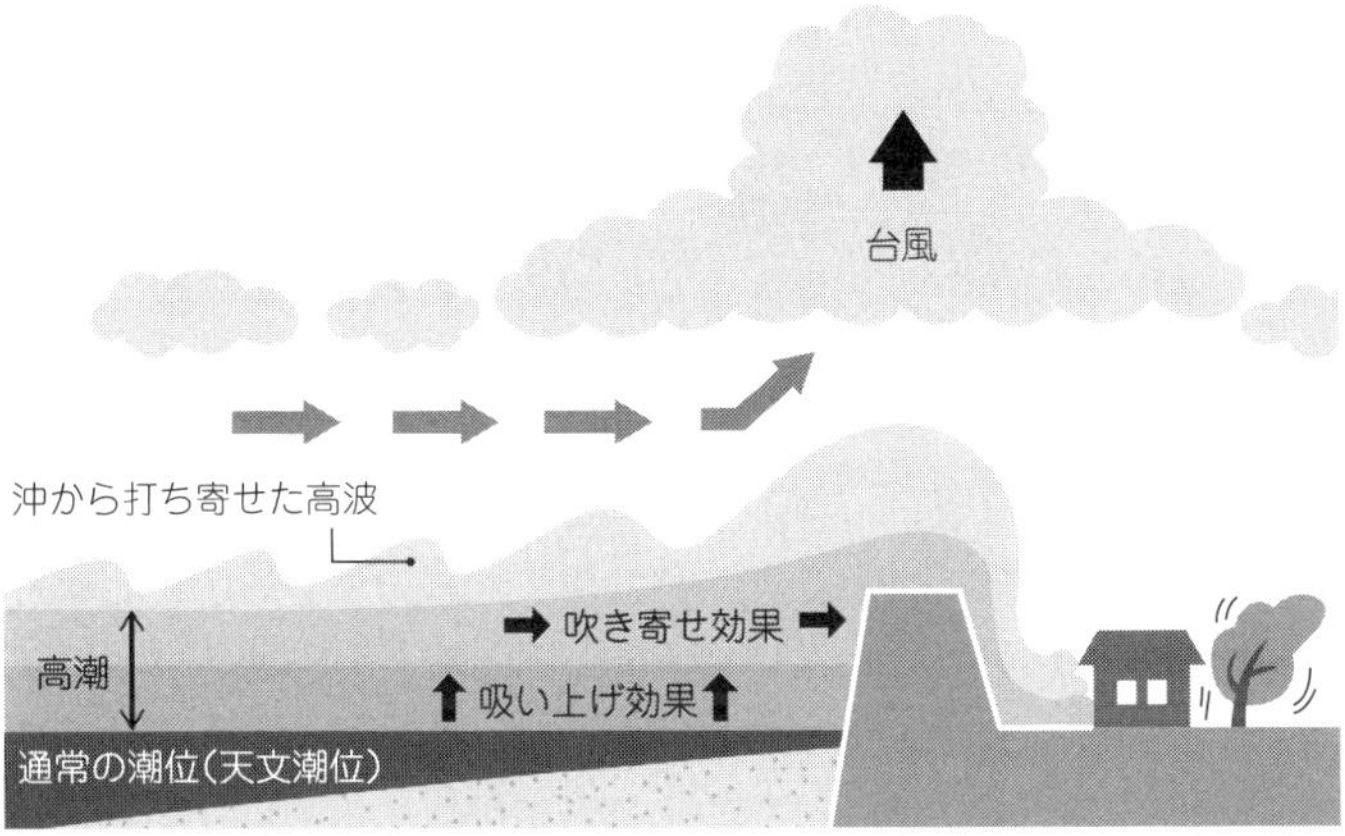

・伊勢湾台風

一九五九(昭和三十四)年の伊勢湾台風は特に高潮の被害が大きかった台風です。南に口を開いた伊勢湾内に風速四〇メートル以上の南風が吹き込んだことで、名古屋市南部を高さ三メートルを超える高潮が襲いました。このとき近くの貯木場から長さ一〇メートルもの丸太の大群が流れ出し、これが高潮にのって住宅街を襲ったことで被害が拡大しました。死者行方不明者数は合わせて五〇〇〇人にのぼり、気象庁による観測が始まって以降、現在でも犠牲者数の最も多い台風災害となっています。

気温上昇で懸念される熱中症の増加

大都市のヒートアイランド現象

都心部の気温が、郊外に比べて高温であることがしばしば起こっています。その様子は、比較的低温の田園地帯のなかに、高温の島が浮かんでいるようなので、ヒートアイランド（熱の島）と呼ばれています。この現象は人口の多い大都会ほど顕著です。

暑さの指標の一つとして熱帯夜があります。日最低気温が二五℃より下がらない日を指しますが、気象庁によると「大都市」の熱帯夜の年間日数は、発現頻度の非常に少ない札幌を除いて有意な増加傾向が見られます。ここで「大都市」とは、地上気象観測地点がある全国の主要都市のなかから、地域的に偏りなく分布するように選出した一一都市のことを指しています。

一九〇〇年代初めはほとんど熱帯夜はありませんでしたが、たとえば二〇一九年では東京で二十八日間、名古屋で三十三日間、大阪で三十七日間となっています。

ヒートアイランドの原因は、地表面がアスファルトやコンクリートで覆われることによる緑地や裸地面積の減少、コンクリートでできた巨大なビル群の増加による熱のため込みと日射吸収の増加・風速の減少による熱の上方拡散の抑制、建物や大気汚染物質による放射冷却の抑制、人工放熱などです。これらのおもな要因が複雑にからまり合って、都市に特有の気候が形成されているのです。

地球温暖化を上まわる高温化が、都市で起きています。

熱中症の増加

ヒートアイランドは都市を中心とした限定的なものですが、地球温暖化の進行によって中緯度で二〜三℃の気温上昇が予測されています。日本は冬の寒さがやわらぐ一方、夏の暑さが厳しくなります。

ヒートアイランドや地球温暖化の進行で増加が予測されているのが熱中症。同じ日の最高気温に対する一日当たりの熱中症の患者数を見ると、二五℃あたりから患者が発生し、三一℃を超えると急激に増加します。

熱中症は、体温の上昇で体内の水分や塩分のバランスが崩れ、体温の調節機能が働かなくなったりして、意識がおかしくなったり、ついには倒れて死亡ということが起こる病気です。気温や湿度により、室内でも発症します。熱けいれん（軽症）、熱疲労（中等症）、熱射病（重症）の三段階に分類され、重症だと意識障害、けいれん、手足の運動障害が見られます。この熱中症による死亡者は増加傾向にあります。

熱中症を防ぐには

高齢になるにつれて熱中症発生リスクが急激に上昇しています。高齢者は生理的機能の衰えにより暑さを感じにくくなる、水分補給をあまりしない、あるいは冷房を好まないといったことなどが、熱中症の発生率を高めていると考えられます。高齢者に次いで発生率が高いのは、七～十八歳です。その原因として、学校の運動中（体育、部活）の発生が多いことがあげられます。

熱中症予防の第一は、暑さを避けることです。さらに、暑い日には、外出を控える、涼しい服装をする、激しい運動や仕事を避ける、こまめに水分を補給する、自分の体調を考えながら行動する、屋内では、エアコンなどを適切に使用することです。

学校や職場では熱中症が起こる可能性を考えた管理・監督が必要です。指導者・監督者には、過度の運動・作業の排除、適切な休息と水分補給、さらには、ひとりひとりの体調への配慮、そして可能な範囲での環境の改善、などが求められます。

たとえば、暑い中で運動をしていて、次のような症状があったら熱中症の可能性が強くなります。

いつもどおりに動けない／体中が疲れて、やる気が全然なくなる／体が重たくて、力が入らない、ボーッとする／耳のなかでキーンと音がしている、まわりの人の声が聞きにくい／脚や筋肉が痛い、しびれる／気持ちが悪い、はきそう、フラフラする、立っていられない／頭が痛い、目がまわる

熱けいれんは塩分補給、熱疲労は涼しいところに寝かせて水分を補給をすれば、通常は回復します。

熱射病は、体温調節機能に異常を起こすため、体温が異常に上昇し意識障害が発生します。多臓器障害を合併し、死亡率が高いです。発症から四十分以内に体温を下げることができれば救命できるといわれ、現場で体を冷やす措置が重要になります。水をかけてあおいだり、首やわきの下などを冷やすと効果が高くなります。もちろん意識不明の場合など重い熱中症は、一一九番通報が必要です。

雪に慣れていない地域の大雪

どうして雪が降るの

日本で雪が降る場所といえば、北海道や東北、北陸などの日本海側を思いつくでしょう。その逆で雪が降らない場所と言えば、沖縄や九州、四国など太平洋岸を思い浮かべることでしょう。でも、数年に一度くらいは、太平洋岸にもドカッと雪が降ることもあります。

それは、冬型の気圧配置（西高東低という）になり、大陸から氷点下の強い寒気が流れ込んだときに雪になりやすいのです。また、冬に本州のすぐ南の海上を低気圧が東に向けて移動するときなども太平洋側に雪を降らせやすくなります。雪がたくさん降ることが予想されるときは、注意報や警報が出ますが、これは地域によって基準が違います。

北陸の新潟市では、平地で六時間降雪の深さが三〇センチメートルで警報が出ます

◆平成22年12月31日の天気図

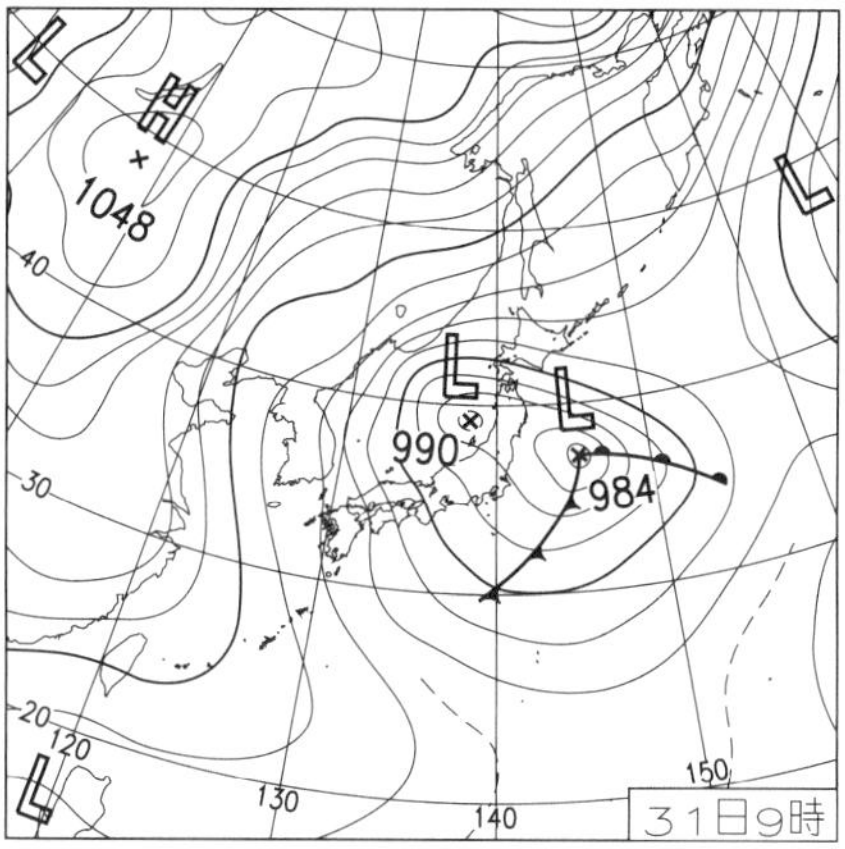

※気象庁（日々の天気図より）

が、南国鹿児島では、平地で十二時間降雪の深さが一〇センチメートルで警報が出ます。

雪が降ると

雪に慣れていない地域は、大雪警報の基準でもわかるように一〇センチメートルも積もれば、大変なことになります。過去、南国鹿児島では、どんなことが起きたでしょうか。今までの大雪の例を元に説明します。平地で一〇〜二〇センチメートル積もった時とします。

交通関係

冬に雪が積もることに現実感がないの

◆大雪

で、自動車やバイクも無防備に外に置いて雪に埋もれていました。雪を降ろしてもスリップするので怖くて運転はできません。タイヤチェーンをはかせようにも経験がないので四苦八苦。そもそもチェーン自体を用意している人が少ないのです。

公共交通機関に頼ろうとしてもバス、市電、すべてストップです。大雪の影響で空の便もほとんど欠航。こういうときは、海も荒れているので、フェリー、高速船も軒並み欠航します。無理して自動車で出て行った人も国道や高速道路が凍結や積雪で全面通行止めとなり動けません。

また、大雪や路面凍結に絡む交通事故は八〇件近く発生しました。歩いて動こうにも、滑りにくい靴などを持っていない場合が多いので路面凍結でスリップして転倒する人たちが相次いでいました。

施設

動物園や学校はすべてお休み。デパート、スーパーなどは、一部休業、一部遅れて開店、正常に営業している店舗が少なかったです。

ライフライン

水抜き作業をしていないので水道管の破裂、電線の着雪による切断、停電の被害もありました。数日ならこれくらいで済むかもしれませんが、もしも大雪が吹雪《ふぶ》いて一週間、二週間と続いたら、鹿児島の家は瓦屋根が多いので、雪の重みで潰れてしまう家も出てくるかもしれません。

また、外出できなくてライフラインもストップしたら命の危険につながります。運良く避難所に行けても、大雪対策は考えられていないので意味がないかもしれません。火山灰には備えていても大雪には備えていないので大変なことになります。

温暖化の進行で竜巻倍増の予測

竜巻倍増の未来がやってくる

気象庁気象研究所は地球温暖化が進行した二〇七五〜九九年の日本では、激しい竜巻の発生しやすい気象条件が現在から倍増するとの予測を発表しました。スーパーコンピュータを用いたシミュレーションで、春は西日本と関東を中心に二〜三倍、夏は日本海側を中心にほぼ倍になるとの予測になっています。地球温暖化が進行することにより、日本の南海上の海面水温が上昇し、大気中の水蒸気量が増加し、大気の不安定度が高まるのが原因と見られています。

現在の気候では激しい竜巻が発生しにくいと考えられる北日本でも、将来は春頃に発生するようになってくるとの予測が出されています。

竜巻とはどのようなものか

竜巻は発達した積乱雲の底から下がってきます。特に竜巻を起こしやすい発達した積乱雲のことをスーパーセルと呼びます。特徴は、急激な回転をともない、漏斗《ろうと》状になることです。それが地表に達すると、強烈な風により地表のものを猛烈な勢いで巻き上げます。ほかの気象災害と異なり、その被害はきわめて局所的となります。その風速は毎秒一〇〇メートルを超えることもあるといわれています。竜巻の大部分は沿岸部で発生しますが、唯一内陸部で多いのは関東平野です。広い平野では地表の起伏による抵抗がないので、竜巻の発生、進行がしやすくなります。

被害を及ぼす激しい突風には、ほかにダウンバーストがあります。一九七八年にアメリカで存在が知られるようになりました。発達した積乱雲から冷たい空気が吹き降りてくる現象で、竜巻との相違点は渦をまかないということですが、極めて強力な突風であり、局所的な被害を及ぼします。このダウンバーストが認識される以前は、被害状況から竜巻の被害と混同されることも少なくなかったと考えられます。

竜巻と似た現象に、つむじ風があります。こちらは雲をともなわず、晴れた日に地面が暖められて生じた上昇気流により、地表付近で発生します。竜巻ほどの風速はありませんが、テントなどを吹き飛ばすこともあるので注意が必要です。

竜巻は増えているのか

気象庁のデータベースには竜巻等突風の発生件数が示されていますが、年代によってその集計方法が異なっており、そのまま発生状況を判断することはできません。一九九〇年以前は、気象庁が竜巻として公表していたものに、災害報告、調査・研究報告、新聞などの資料からあらためて収集した事例から、気象庁が竜巻と判定したものを加えて集計しており、被害のない海上竜巻は収集されていません。一九九一年にダウンバーストが区別されるようになり、発生件数が大きく減っています。被害のない海上竜巻は、気象庁で確認できた一部の目撃情報に基づき集計されています。

二〇〇七年以降は報道や目撃情報も含めた広範な情報源から発生事例を収集するなど調査体制が強化されました。また、詳細な現地調査によって竜巻が原因の突風災害事例が特定されるようになりました。それにより、竜巻発生数が増えたかのように見えますが、単純に比較することはできないため、竜巻が増えたとは言えません。スマートフォンの普及やSNS利用者の増加で、だれでも動画撮影ができるようにな

◆竜巻の年別発生確認数（1961～2017年）

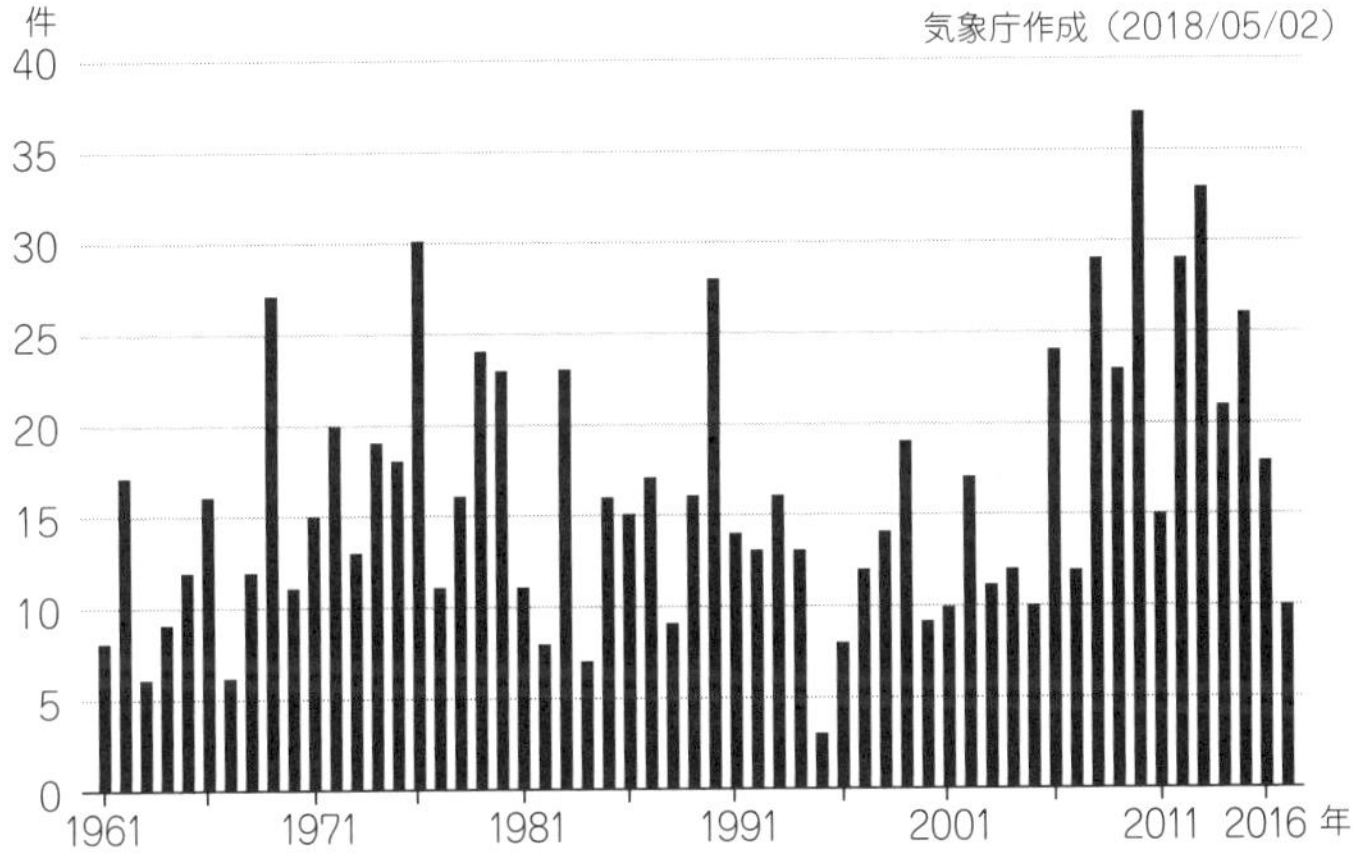

り、それを共有することで竜巻の映像を目にする機会が増えてきています。

竜巻予測の未来

現在はスーパーセルの発生予測に基づいていますが、竜巻そのものの予測はできていません。気象庁気象研究所はＪＲ東日本などと協力し、ＡＩを活用した予測システムの開発に取り組んでいます。正確な予報のためには、より細かい観測網とスーパーコンピュータの計算速度の向上がカギになってきます。今後増加する可能性があるということを考えると、私たち自身も竜巻に関する知識を身に着け、その備えをすることが必要になってきます。

雷が多発する地域がある

雷の発生数が多い地域

日本で一番雷の発生の多い地域は北陸地方の石川県です。一年間の全国の雷日数は、約十九日です。一方、石川県は約四十二日で、全国平均の二倍以上も雷が発生しています。二位は福井県、三位は新潟県、四位は富山県です。北関東も多いのですが、実際には北陸地方が多いのです。その大半の雷が冬場に発生しています。

冬場の北陸地方の雷の特徴は、関東地方の夏場に比べ一〇〇倍以上、雷のエネルギーが大きいこと。落雷数は少ないが一日中雷雲が発生していること。海岸線から三五キロメートル以内の日本海沿岸に多く発生していること。そして、夏と冬の積乱雲を比べると、冬のほうが圧倒的に背が低く、規模の小さいことがあげられます。

雷を発生させる冬場の積乱雲は、比較的に暖かい対馬海流の日本海に、シベリアからの冷たい空気が流れ込み、水蒸気が次々に供給されて発生します。この雲は、発達

◆落雷害の報告数（2005～2017年）

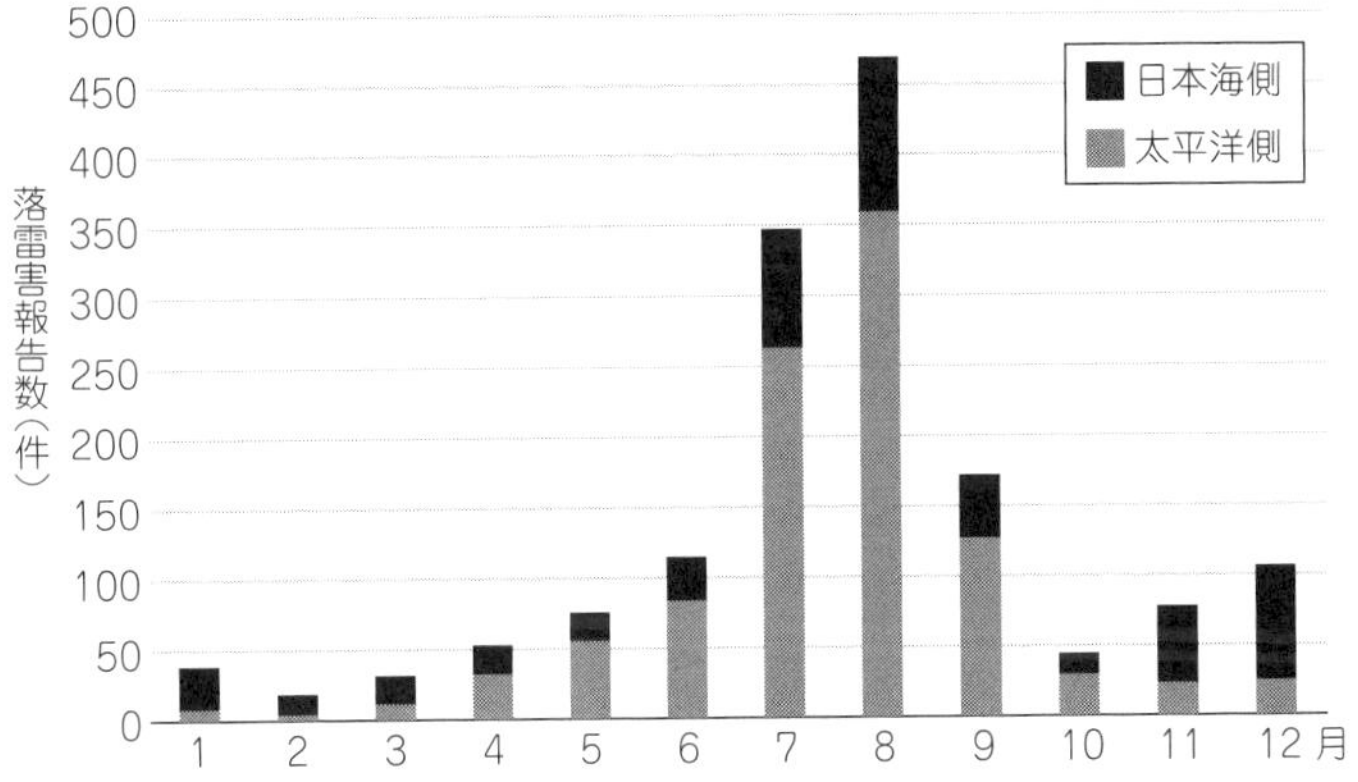

しながら季節風によって日本海側に運ばれて雪などを降らせます。

北関東は雷銀座

群馬県では、夏に多い雷を恐れ、雷神を奉った雷電神社などの社が八九〇社もあります。これらは、群馬県の南東部にたくさんあり、この地域に限らず雷電神社等は、関東平野の北西部に集中しています。また、夏場に雷の多い北関東の群馬県、栃木県、茨城県は、雷銀座とも呼ばれ、群馬県を源流とする利根川とその支流に雷の道があると言われています。

なぜ、北関東に雷の発生が多いのでしょう。

◆ 夏場の北関東の主な雷雲の移動経路

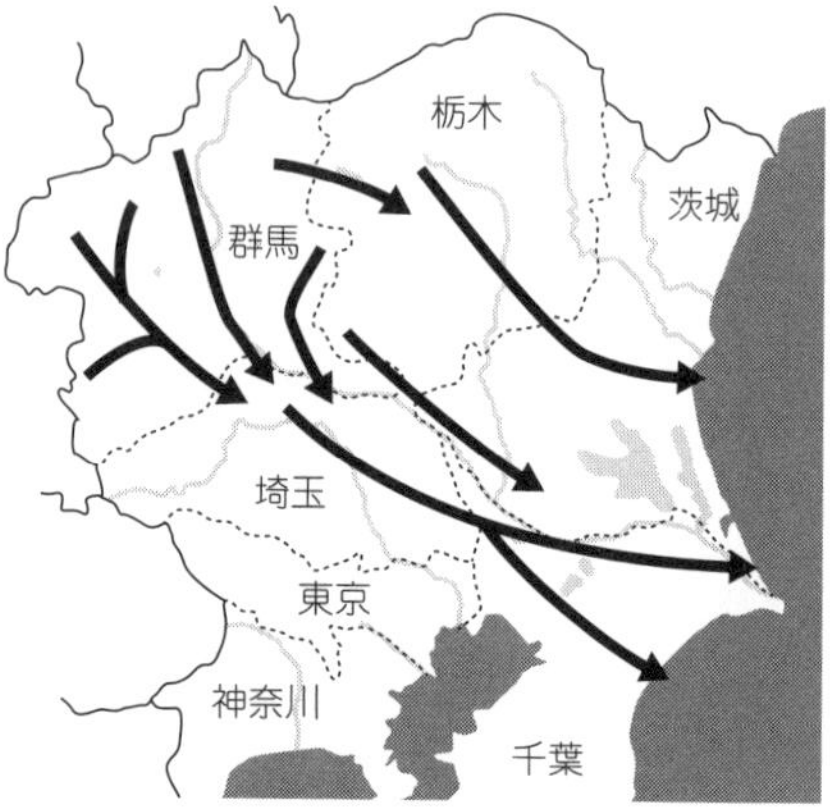

夏場の雷の発生場所を調べてみると、傾向がつかめます。その一つが、地形にあります。群馬県には関東平野の北西部を囲むように、赤城山、榛名山をはじめ、三国山脈があります。また、もう一つが栃木県の宇都宮から日光にかけての地形です。北に那須連山、西に日光連山があり南東が平野部になっていて、群馬県と同様の地形になっています。

夏場に太平洋側から吹き込んだ風は、これらの山岳地帯で上昇気流を起こし、雷雲が発生しやすくなります。この雷雲は、上空の西風に流され、東や南東方向へ移動して行き、それらの地域で雷が多発しています。また、雷雲の通り道が利根川の流れと似てきます。

雷は降雹もともなう

北陸地方の雷雲は、雪やあられの前触れで長時間にわたっていますが、関東地方は大きく積乱雲が発達して短時間で集中豪雨が止《や》みます。時間的には一時間以下ですが、それにともない降雹《こうひょう》があります。雹は、非常に発達した積乱雲から降ってきた直径五ミリメートル以上の氷の塊です。同じ氷でもこれより粒の小さいものは霰《あられ》と呼びます。関東では直径は二センチメートルぐらいまでが多く、五センチメートルを超えることもあります。直径二センチメートルの雹粒の落下速度は秒速一六メートルぐらいになります。雨滴とは違って固体なので大きな衝撃力となり、ガラスが割れたり農作物などに被害を与えます。

日本海沿岸での降雹は、作物の少ない冬場なので、雹害はあまり発生しませんが、夏場の北関東や長野県・山梨県などは、多くの作物の生育期にあたり被害が甚大となります。大きな雷雲が発生したときは、雷雲の移動と共に突風や降雹にも注意が必要です。

日本は豪雨災害から逃げられない

増え続ける豪雨災害

防災科学技術研究所が発表した分析結果は、二〇一九年の台風一九号による長野県の千曲川が氾濫《はんらん》した豪雨は、「百年に一度」のレベルを超えたと報じています。二酸化炭素などの温室効果ガスの排出増加により、地球全体の平均気温が上昇し、豪雨がより激しく、頻度もより高くなっていると多くの研究報告で報じられています。特に海水面の温度が上がると、熱エネルギーが低気圧を強めることになります。

何度も報道される九州北部豪雨

梅雨末期に九州北部を襲う豪雨は、何度もテレビ等で取りあげられています。平成二十四年七月、平成二十九年七月等、頻繁に大雨による被害が起きています。昭和の時代にも、昭和五十七年七月梅雨末期に二日間で五七二ミリメートルの雨量を記録し

◆九州北部豪雨の仕組み

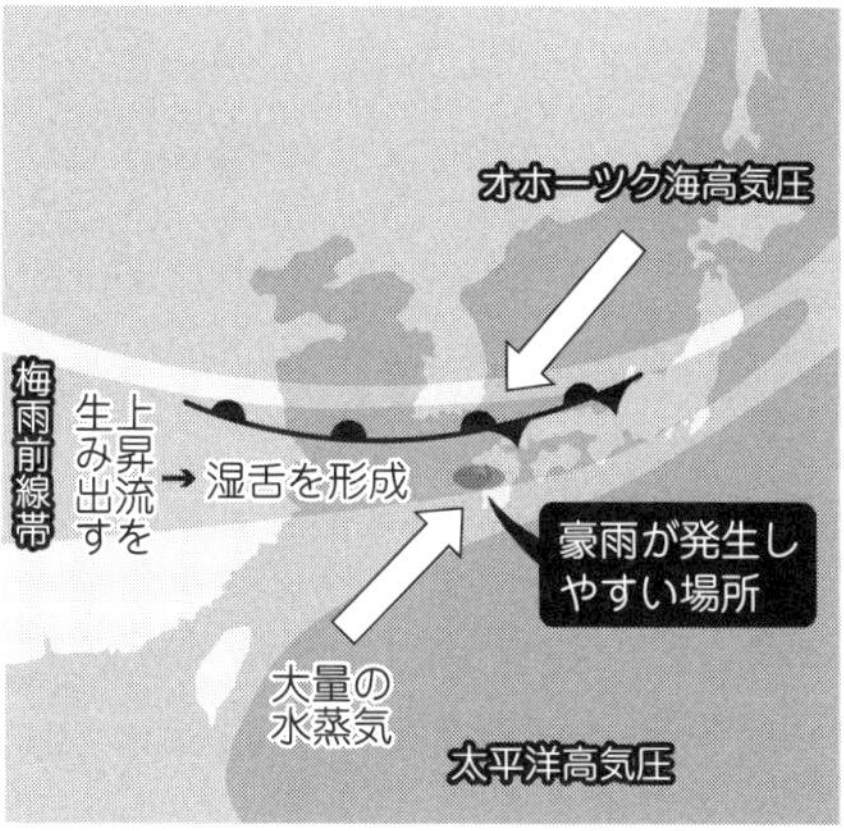

（気象庁資料から）

た「長崎豪雨」は、土砂災害等で長崎市内の死者・行方不明者二九名を出しました。また、昭和三十二年七月梅雨末期の「諫早豪雨」では、一日の雨量が一〇〇〇ミリメートルを超える大雨により長崎県で七〇五名、諫早市で五八六名の死者・行方不明者を出しています。

九州を襲う大雨の典型的な気圧配置

九州地方、特に北部は過去にたくさんの豪雨による大災害を受けてきました。それらは、みな梅雨末期に西日本を襲う梅雨前線にともなうものです。そして、そのときの天気図は大変似ており、発達した低気圧にともなった梅雨前線が九州北部に停滞して、東シナ海から次々に暖かくて多量の水蒸気を含んだ空気が流入し続けているのです。その原因として、梅雨末期になると太平洋高気圧の勢力も高まり、日本列島に近づき南西諸島まで張り出してきます。オホーツク海高気圧と太平洋高気圧の勢力が均衡し、偏西風も加わり、次々に前線上に積乱雲が発生します。その多くで線状降水帯が発生していきます。積乱雲の寿命は短いのもかかわらず、次々に新しい積乱雲から多量の雨を降らせることになります。

関東を襲う豪雨

九州は梅雨前線や秋雨前線にともなう、時には台風が前線を刺激した大雨に見舞われることが多いですが、関東はまた違った豪雨の傾向があります。それは、都市型ゲリラ豪雨です。狭い地域に短時間に脅威的な雨を降らせます。なかでも都市型ゲリラ豪雨は、ヒートアイランド現象がおもな原因だと言われています。

ゲリラ豪雨は、湿った空気が流れ込む時期や八月中旬の太平洋高気圧が弱まり、上空に寒気が流入して大気が不安定の時に発生しやすい現象です。この豪雨は、事前の予測が難しいのです。気象予報会社ウェザーニューズによると、局地的な雷雨は、面

◆前線を刺激する台風

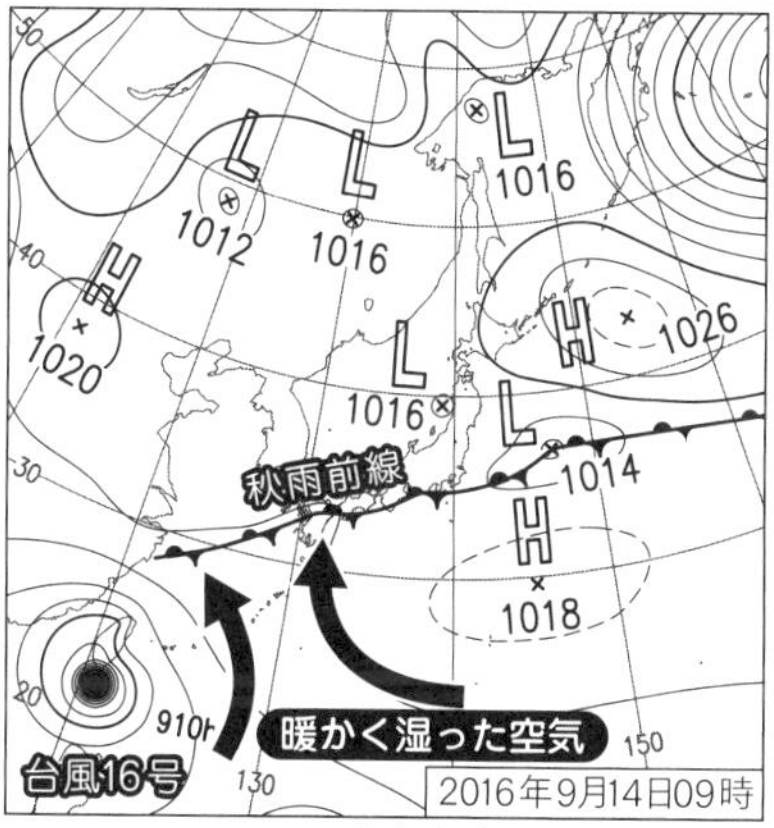

※気象庁（日々の天気図より）

積の広い北海道が最多ですが、茨城県・埼玉県・千葉県など東京周辺が上位を占めていると報告されています。また、大阪府や兵庫県が多い傾向にあります。

秋雨前線に台風が刺激

秋雨前線の時期は、台風が盛んに発生して日本付近に近づく時期と重なります。台風のエネルギー源である暖かく湿った気流が前線に運ばれ、前線をより活発化させて大雨となります。天気予報では「台風が前線を刺激」など表現されます。これは、台風の進路や積乱雲の渦の腕の場所との関わりがあり、比較的山地の南斜面に大雨を降らせます。

Part Ⅳ

防災で恐怖を乗り越える

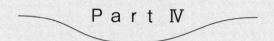

地震に弱い地盤、地震に強い家

地震で起きる地面の変化

地震では、さまざまな地面の変化が発生します。液状化現象や土砂災害（地滑り、土砂崩れ、土石流など）です。冬季には雪崩も危険です。

液状化現象

ＰａｒｔⅠでも説明していますが、軟弱地盤では液状化現象が起きることがあり、東日本大震災時は、首都圏の千葉県浦安市や千葉市などの広い地域でこうした液状化が発生しました。一戸建ての家屋が傾き、噴砂や下水道管の浮上により道路が通れなくなりました。また、長期間下水道が不通になり、構造上は問題がなかった高層マンションでも生活に支障が生じました。液状化しやすい場所は、ハザードマップとして公開されており、地盤被害（液状化）マップと呼ばれるものでリスクを把握することができます。

地滑りや土砂崩れ

東日本の日本海側、四国中央部などには、地盤の構造上、地滑りが起きやすい場所があります。こうした場所は「急傾斜地の崩壊による災害の防止に関する法律」(急傾斜地法)に基づいて「急傾斜地崩壊危険区域」に指定され、危険な斜面や崖の位置が公開されています。このほかにも土砂災害警戒区域として土石流、地滑りの被害を受けやすい地域が指定されているほか、土石流の発生が考えられる危険渓流、急傾斜地崩壊危険箇所、地すべり危険箇所、冬季の雪崩危険箇所が公開されています。

ハザードマップで確認を

国土交通省のサイト、「わがまちハザードマップ」は、さまざまな地域のハザードマップを網羅したワンストップサービスです。インターネットで公開されているハザードマップであればここからリンクが張られていますので、ぜひチェックしてみてください。https://disaportal.gsi.go.jp/hazardmap/

旧地名や古地図でわかる地形

もしハザードマップが公開されていない場合は、古い地図を調べると、どういう場所だったかがわかります。

埼玉大学教育学部の谷謙二氏（人文地理学研究室）が開設している時系列地形図閲覧サイト「今昔マップ on the web」は、全国すべてではありませんが古地図や写真と現在の地形図を並べて見ることができます（http://ktgis.net/kjmapw/kjmapw.html）。

こうしたサイトでその場所の来歴を確認するのもよいでしょう。

地震に強い家とは

一九八一年に建築基準法が改正され、現行の耐震基準では震度五の地震に耐えられることが基準（許容応力度）とされるようになりました。また、震度六〜七の地震であっても、倒壊や崩壊はしないこと（保有水平耐力）が求められています。

中古住宅やマンションでは、建築基準法の改正後に建てられたもの、あるいは耐震診断で現行の耐震基準を満たしているものが一つの目安になるでしょう。

基準前に建てられた建物でも、後から行える耐震補強工事がありますので、こうした工事を行えば安全性が向上します。

耐震基準を満たしていれば、一度の大規模地震で倒壊まではしない、と書きましたが、一方で複数回の地震には耐えられない、あるいは修復や長期的利用が困難になることがあります。このため、制振や免震が普及しつつあります。

制振、免震

最新の高層マンションなどでは、制振や免震をうたうものがあります。制振はエネルギーを吸収する部材を使用して主要構造部材の破損を防ぐもの、免震は地震のエネルギー伝達を遮断する構造です。免震装置は長期的（二十年前後）でメンテナンスや交換が必要になりますが、とても優れた技術です。

いずれも地震後も継続的に住み続けられるといわれています。初期コストは増えますが、マンションなどを中心に増えています。

大地震に遭遇したらどうする？

「大きな地震」はどういう地震か

東南海トラフ地震、首都直下地震など、発生が危惧されている地震がいくつかありますが、それ以外の場所で地震が起きない、というわけではありません。いつどこで起こるかわからない、という意識を常に持っておきましょう。

直下型の場合

直下型の大型地震では、緊急地震速報は地震発生とほぼ同時、あるいは間に合わない可能性があります。この場合、事前に備えることはほぼ不可能です。その場でできる行動で、必要性が高いのは、まず生命を守ることです。

「火を消せ！」は古い。「地震だ　身を守れ！」

昔は地震から起きる火災を防止するため、「地震だ　火を消せ！」というキャッチフレーズがありました。しかし、現在ではストーブなどには自動消火装置が、ガスメーターにも自動遮断装置がほぼ設置されています。ですから、すぐに火を消す必要はありません。揺れが落ち着いたら、避難前に火を消し、元栓を閉めておきましょう。

また、停電する前に使用していた電気ストーブなどが電源復旧時に火災を起こすことがありますから、電気器具のスイッチは切り、家を離れる場合はブレーカーを落としておきます。

「地震だ　身を守れ！」という言葉を覚えておきましょう。

「こない場所」を探す

具体的には「こない場所」を探します。大きなものや重量物が落ちてこない場所、家具や建物、塀などが倒れてこない、重量のある車輪つき家具が移動してこない場所を探して逃げ込みます。

街を歩いているときであれば、ガラス、看板などが落下してくるほか、電柱が倒壊し、電線が落ちてくることもあります。自動販売機やブロック塀も倒れる危険性が高いですから、建物や構造物から離れ、カバンなどを持っていたら頭の上に持って頭部や首を守りましょう。

運転中の注意点

自動車の運転中であれば、ハザードランプを点滅させるなどして、周囲の車の様子を見ながらゆっくり道路の左側に車を停止させます。震度五程度だと運転を続ける車両も多いため、震度七の地震よりも事故が増えると言われています。まわりの車の動きに十分注意しましょう。

停止後はラジオなどで地震の情報を集めます。また、車を置いて避難するときは、ドアをロックせず、鍵はつけたまま（キーレスエントリーの場合はメーター付近など目につきやすい場所に置いたまま）避難をすることが求められています。キーレスエントリーの場合は補助キーが内蔵されていますから、避難時にはそれを外して持っておきましょう。

緊急地震速報がきたら

緊急地震速報が間に合った場合は、これらの安全確保を地震の強い揺れが到着する前に行うことができます。

残された時間は数秒しかないかもしれませんが、安全を確保するために有効に使用してください。

避難の心得

遠距離の地震では揺れを感じないこともありますが、時間をおいて津波が到達することがあります。ニュースや地震情報で詳細を確認しましょう。

津波や火災の可能性があれば避難します。津波の場合は、時間的余裕があれば水平方向に、間に合わなければ高いビル（津波避難場所などの表示があります）の上などの垂直方向に避難します。避難に時間が必要な弱者（高齢者、障碍者、傷病者）は早めに避難を開始しましょう。

一度避難した後、時間があると、自宅に戻りたくなるかもしれませんが、安全が確認されるまで避難場所から戻ってはいけません。

「津波てんでんこ」「稲むらの火」とは？

「津波てんでんこ」

東日本大震災後に有名になった言葉ですが、これは言い伝えではなく、一九九〇（平成二）年十一月に岩手県で開催された「全国沿岸市町村津波サミット」で生まれた標語です。

津波が来たらそれぞれに逃げろ、という意味ですが、単にこの言葉を聞くと薄情に思えるという人もいるようです。しかし、この標語には「自分たちの地域は自分たちで守る」という意味もある、と提唱者の山下文男氏は述べています。

その自覚のもとに避難弱者の手助けや安否確認についてあらかじめ相互に取り決めを行っておくことで、避難の遅れや漏れを防ぎ、それぞれがきちんと避難できると信じて自分の安全を確保するために最善の行動をする、ということです。そうすれば、他者を助けに戻ったり安否確認をしたりすることで避難が遅れたり、判断を他人にゆだねることで避難できなかったりすることを防げる、という大きな意味があるのです。

具体的な事例としては、「釜石の奇跡」が有名です。これは、岩手県釜石市内の小中学校で「津波てんでんこ」を標語として防災訓練を受け、登校していた約三〇〇〇人の生徒ほぼ全員が、東日本大震災時に生存できたという事例です。

生徒らは地震の直後から教師の指示を待たずに避難をし、「津波が来るぞ、逃げるぞ」と周囲に知らせながら、ベビーカーを押し、高齢者の手を引いて高台に向かって走り続け、無事に避難することができたといいます。一方でこの標語は、避難は各自の責任であり、誰かを助けられなくてもそれに責めを負う必要はない、という、生存者に向けたメッセージも含んでいる、とも言われています。

「稲むらの火」

これは小泉八雲（ラフカディオ・ハーン）が書いた「生き神様」（A Living God）という短編を中井常蔵が日本語化したもので、安政南海地震津波時の実話が元になっています。老いた庄屋の五兵衛が、地震の長い揺れのあと、海水が沖合に退いていくのを見て津波の襲来に気づき、夢中で祭りの準備をしている村人たちに危険を知らせるため、収穫したての自分の稲むら（稲の束）に松明で火をつけ、消火のために高台に集まった村人たちは津波から救われた、という話です。

一八五四年十二月二十三日と二十四日に安政東海地震と南海地震が連日発生し、多くの人が犠牲となりました。二十四日の夕方に発生した南海地震津波は暗くなった村落を襲い、遭難者は避難に難渋しました。この話の五兵衛のモデルはヤマサ醤油七代目当主の濱口儀兵衛で、複数の学校を設立するなどの篤志家でした。彼は避難先を示すために自らの稲むら（脱穀後のわらの山）に火を放ち、村民の避難を助けたといいます。震災後に彼は津波後の村の復興事業として私財を投じて防潮堤（広村堤防）建設事業を行い、村民の流出を防ぎました。この防潮堤は一九四六年の昭和南海地震の津波から村落を守ったとも言われています。

ハーンの原話は教科書に掲載された「稲むらの火」よりも原話に忠実で、津波の来襲を教えるために収穫したばかりの稲に火を放つシーンは中井の創作ですし、原話では防潮堤建設の復興事業にも触れています。

正常性バイアスと集団同調性バイアス

私たちはなにか日常と異なることが起きても、つい「大丈夫だろう」と判断してしまい、避難を呼びかけることや、率先して避難を始めることを躊躇《ちゅうちょ》してしまいがちです。これは正常性バイアスといい、避難が遅れる大きな原因になると言われています。「津波てんでんこ」はそれを防ぐ意味があると言われています。

みんながやらないから（あるいはやっているから）一緒にやる、という心理を集団同調性バイアスと呼び、稲むらの火では祭りの準備に夢中な、あるいは火事を消しに集まってくる村人たちを通してそれを描いています。これらの逸話は、我々のそうしたゆがみに対する戒めでもあります。

一方で中井の「稲むらの火」は情緒的で感情を揺さぶる名文ではあるのですが、老人への敬意や自己犠牲の演出など、意図的な描写があることは知っておく必要があるとも思います。その上で、私たちひとりひとりにできること、しなければならないことを考えていきたいものです。

ハザードマップの活用

ハザードマップとは

ハザードマップとは、ハザード（災害）の被害を想定した地図のことです。地方自治体が整備を行っており、多くは都道府県レベルで作成され、市町村が細かなハザードマップを配布しています。

国土交通省のサイト、「わがまちハザードマップ」は、さまざまな地域のハザードマップを網羅したワンストップサービスです。インターネット上での公開の有無も含めてリストになっていますので、まずはチェックしてみてください。

https://disaportal.gsi.go.jp/hazardmap/bousailist/tablelist.html?hazardcode=3

ハザードマップの種類

ハザードマップは、洪水、内水氾濫、ため池氾濫、高潮、津波、土砂災害、火山、そして地震関連（震度被害、地盤被害、液状化、建物被害、火災被害、避難被害）など多くの種類のものがあります。

前半のハザードマップは似ているように思えますが、洪水は近隣の河川が破堤した場合の浸水の深さや期間、内水氾濫は「一時間八〇ミリ」などの都市の設計基準を超えた降水があった場合に冠水するリスクが高い場所、ため池の氾濫は集中豪雨などでため池が破堤した時の冠水想定など、想定しているシナリオが異なります。ハザードマップにはどのような災害を想定したものなのかが記述されていますので、それを参照してください。

このようにハザードマップには種類が多いので、わがまちハザードマップは代表的なハザードマップを地図上で合わせて表示する機能もあります。訪問先などのリスクを簡便に把握したい時などはとても便利です。

自分の街のマップは？

多くの市町村役場では、地元のハザードマップを公表しています。住んでいる場所のリスクを知りたいのであれば、それらのハザードマップを直接見た方が早い場合があります。

県、市町村は防災ポータルと呼ばれる災害情報を網羅したウェブサイトを作成していることが増えていますが、ハザードマップは必ずしも災害ポータルサイトからリンクが張られていないこともあるので注意が必要です。

パソコンに詳しい人でしたらサイト上検索などのしくみを使ってハザードマップを検索する方法もありますし、印刷物も入手できます。通常は役所や支所、出張所、公民館などに置いてありますが、在庫が少ない場合は、地域防災課、消防局などの担当部署にしか残っていない場合もあります。災害時には一気に払底しますので、平時の余裕があるときに入手しておくとよいでしょう。

ハザードマップとリスク

先に述べたように、ハザードマップには多くの種類があります。言いかえれば、生活している上で我々がさらされるリスクには多くの種類がある、ということです。こうしたさまざまなリスクのうち、特定のものだけを恐れ、過剰に準備をするのはあまり意味がありません。

実際の災害リスクは、起きる頻度と被害の大きさをあわせて考慮する必要があります。冠水が頻繁に起こる場所では、被害が軽微でも備えておく必要があるでしょうし、短期間しか使わない建物を、多額の費用をかけて何千年かに一度しか起きない大災害にも耐えられるような構造にするのは無意味です。

ハザードマップで想定されていないもの

一方で、ハザードマップで想定されていないものや公開されていないものもあります。一般の人には理解や評価が困難な可能性のあるもの、解釈を間違えるとデマなどの危険な情報になりうるものなどが相当します。

客観的に情報のリスクや意味の評価ができる場合は、中央防災会議などの討議資料が公開されていますので、そうした資料や報告書を閲覧すると、より理解が深まるでしょう。

なにかあってからではなく、なにかが起きる前に情報を手に入れておき、自分や大事な人たちを守るために活用してください。

災害時のインターネット活用

災害時にはネットでなにが起きるか

大規模災害で停電が発生した場合でも、携帯電話やスマートフォンの基地局にはバッテリーや自家発電装置があり、数時間は利用できます。

一方、メールを送受信したりウェブサイトを表示したりするサーバーは、設置箇所が物理的に壊れたり停電したりすると利用できなくなります。メールの伝送に長い時間がかかったり、送受信できなくなったりすることがあります。電話やＳＭＳ（ショートメール）もつながりにくくなります。

安否確認

携帯や電話がつながりにくくても、公衆電話網は利用できることがあります。個人への電話がつながりにくい災害時の安否確認には、一七一（ＮＴＴ東日本・西日本の災害用伝言ダイヤル）が広く利用されています。年何回か体験利用日がありますので、情報の登録・確認のしかたを練習しておきましょう。それ以外に携帯電話会社も各社が災害時伝言板サービスを開設しています。

災害用伝言ダイヤルのインターネット版が災害伝言版（ｗｅｂ１７１）です（https://www.web171.jp/）。スマートフォンなどからインターネット上で安否情報を登録できます。名前で様々な安否情報を横断的に検索し、確認が可能な「パーソンファインダー」というサービスはグーグルが災害時に提供しています。

ソーシャルネットワーク（ＳＮＳ）も各種の安否確認機能を提供していて、フェイスブックは災害時に安否確認サービスを提供しますし、ＬＩＮＥの既読機能は安否確認のために東日本大震災後に実装されたことで有名です。

家族や安否確認をしたい人同士で、非常時にはどのサービスを使うのかを申し合わせておきましょう。

災害時に役に立つサービス

災害時の情報収集時に頼れるのは防災ポータルサイトです。国レベルの防災ポータルは国土交通省が設置しスマートフォンからも利用できます。また、都道府県や市町村も防災ポータルサイトを設置しています。

災害全体の状況を知りたい場合や、災害時に備えて被害想定や対策を把握したいのであれば、国土交通省の防災ポータルが役に立ちます。

避難所の開設状況や避難指示などが最も細かく掲載されるのは市町村のポータルサイトです。ただし、災害の規模が大きく、市町村役場自体が被災した場合は、その役割を都道府県の防災ポータルが果たします。

災害の状態やニュースについては、公共放送であるＮＨＫの信頼性が群を抜いています。ＮＨＫは、地上波デジタルやワンセグといった放送以外にも、ブラウザやスマートフォンのアプリで一定の番組を視聴できるＮＨＫ＋（プラス）というサービスを開始しています（https://plus.nhk.jp/）。

災害時には防災ポータルやニュースサイトは接続しづらくなります。通信量や時間の節約のためにも、自治体の防災ポータルサイトやニュースサイトはお気に入り（ブックマーク）に入れておきましょう。ニュースは、ウェブサイトよりもスマートフォンアプリのほうがスムーズに更新できる場合も多いようです。

避難所などが記載されたハザードマップが多くの自治体からＰＤＦで配布されていますから、普段持ち歩くスマートフォンにダウンロードしておきましょう。グーグルマップなどの地図アプリには普段利用している地域の地図をあらかじめダウンロードする機能があります。これを利用すれば、停電などで通信ができなくてもＧＰＳの情報だけで地図として利用できます。

広まるクラウドの利用

国内のインターネットサービスが不安定な場合でも、クラウドと呼ばれる柔軟なネットワークであればスムーズに利用できることがあります。東日本大震災時には、会社などが独自に設置していたサーバーが破損してメールやホームページなどのサービスの多くが利用できなくなった一方で、クラウド上で運用されていたツイッターは安定して利用できました。

クラウド上で動作している各種のＳＮＳ、マイクロソフトやグーグルが提供するサービスは利用できることが多いでしょう。今後も新しいサービスは次々に登場してくると思います。ぜひ有効に活用して、安全と安心を確保しましょう。

停電への備え方

家庭での初期対応

大規模災害の停電時に、まず行うべきなのは自身の安全の確保です。現在はガスメーターに地震時の遮断機能がついていますし、暖房器具にも自動消火装置が設置されているので、あわてる必要はありません。

停電前に使用していた調理器具や暖房器具などを確認し、スイッチを切っていきます。これは、電源復旧時にスイッチを切り忘れていた電気ストーブなどに通電して、地震でかぶさった衣類や紙に着火する「復電火災」を防ぐためです。停電が長期化しそうな場合や家を離れる場合は、ガスの元栓を閉め、ブレーカーは落としておきましょう。

停電時に起きること

停電すると明かりや冷暖房のほとんどが使用できなくなります。ガスや灯油を使用した器具でも、電気が必要なファンヒーターや給湯器は使用できなくなります。携帯電話やスマートフォンは基地局の電源があれば利用できますが、停電が長期化すると利用できないエリアが増えてきます。信号や高速道路も電力が必要なので、大規模な停電時には利用できなくなる場所が増えてきます。

保存がきかない冷蔵庫内の生鮮品は早めに消費しましょう。冷凍庫は開閉しなければ一日程度は持ちますが、それ以降は順次消費しましょう。一度解凍されたものを入れっぱなしにしておくと、電源復旧後に間違えて食べてしまうことがあるので、とけてしまった食品は出して、消費するか廃棄しておきます。

復旧と援助

ご家庭で電源が必要な医療機器を利用している場合は、電力会社に登録をしておくと緊急時に安否確認、バッテリーや発電機の支援などを受けることができます。対象の機器を利用されている方には医療機関などからも案内があると思いますので、平常時に登録しておきましょう。

役所や避難所では、災害時公衆電話などの通信手段、電源などの支援が提供されます。一方、街頭に設置されている防災行政無線（屋外防災放送設備）は停電時にバッテリーで動作するので、停電が長期化すると利用できなくなることがあります。その場合は回覧板や巡回広報車の放送で情報を入手します。

家庭での備え

長期化しそうな停電時は、スマートフォンなどの通信機器の電池は温存し、一日数回だけ電源を入れ、短時間で連絡などを済ませるようにします。大容量のモバイルバッテリーは大変役に立ちますから、充電して保存しておくとよいでしょう。懐中電灯以外に、モバイルバッテリーで使用できるＬＥＤ照明も便利です。

情報入手のためには、電池式のトランジスタラジオなどを併用しましょう。ガスレンジがないご家庭では、カセットガス式の調理器具や暖房器具を用意しておくとよいでしょう。燃料の管理が可能なら、灯油式のストーブも役に立ちます。

公衆電話は停電時でも利用できます。ただしテレフォンカードは使えませんので、一〇円、一〇〇円の硬貨を多めに用意しておきましょう。また、子供でも使えるよう、平常時に使い方を練習しておきましょう。

発電機は使えるか

家庭用発電機は一酸化炭素中毒が発生しやすく、メンテナンスにも知識が必要です。燃料確保や保管も都市部では難しいので注意が必要です。

最近は住宅用の太陽光発電設備や小規模ガス発電も普及し、東日本大震災以降は自立運転といって一五アンペア程度の電源が供給できるものもあります。これなら冷蔵庫、通信などの最低限の電源インフラが確保できます。ハイブリッドカーや電気自動車の一〇〇ボルト電源も便利です。

普通の自動車でも、DC-ACインバーターを使用すれば一定の電力が供給できます。感電やバッテリー上がりなどのトラブルを防ぐため、使い方は平常時から練習しておきましょう。なお、停電が長期化すると自動車の燃料も入手困難になります。利用は移動手段の確保とバランスさせて考えましょう。

安全な水を確保せよ

水を飲まないと数日で生命に危険

自然災害を受けたときに真っ先に必要なのは安全な水の確保です。なにも食べなくても水さえ飲んでいれば二～三週間は生きることができるというデータがあります。しかし水が飲めない、水分が摂取できないともっと短期に生命に危険が及びます。

健康な成人の体は約六〇％（質量％）が水でできています。そのうちの二〇％が失われると死に至るといわれています。体重が六〇キログラムの人の場合、体の水の量は約三六キログラム。その二〇％は七・二キログラムになります。もしそれだけの水が体から失われたら、私たちは生きていくことができません。

人は尿や汗などで一日に約二キログラム程度の水を体外に排出しています。七・二キログラムといえば、約三・六日分です。もちろん実際に水を断ったら体から出ていく量も減るでしょう。だからもっと長く生きられるでしょうが、計算上では水を四日飲まないだけでも生命は危険にさらされることになります。今までの記録ではイタリアの政治囚が何も口にしない状態で十八日間生きたという断水の記録がありますが、通常は一週間も水分をとらないと死に至ります。

安全な水が利用できないとき

危険のある水とは毒物や病原菌（細菌やウイルス）をふくんだもの。自然界で、川や湖沼などの水なら毒物の心配よりは病原菌の心配があります。雨水そのものはそれらの心配はありません。

にごりのある水なら簡易ろ過をします。ペットボトル（五〇〇ミリリットル以上がよい）の底を切り取って逆さまにして下から小石、砂、砕いた炭、砂、ヒノキ樹皮や葉を入れていきます。境目にきれいな布があるとさらによいでしょう。ただし、水に溶けているものはろ過では取り除けません。病原菌の一部はにごりと一緒に減る可能性はありますが基本的には取り除けません。

◆簡易ろ過装置の例

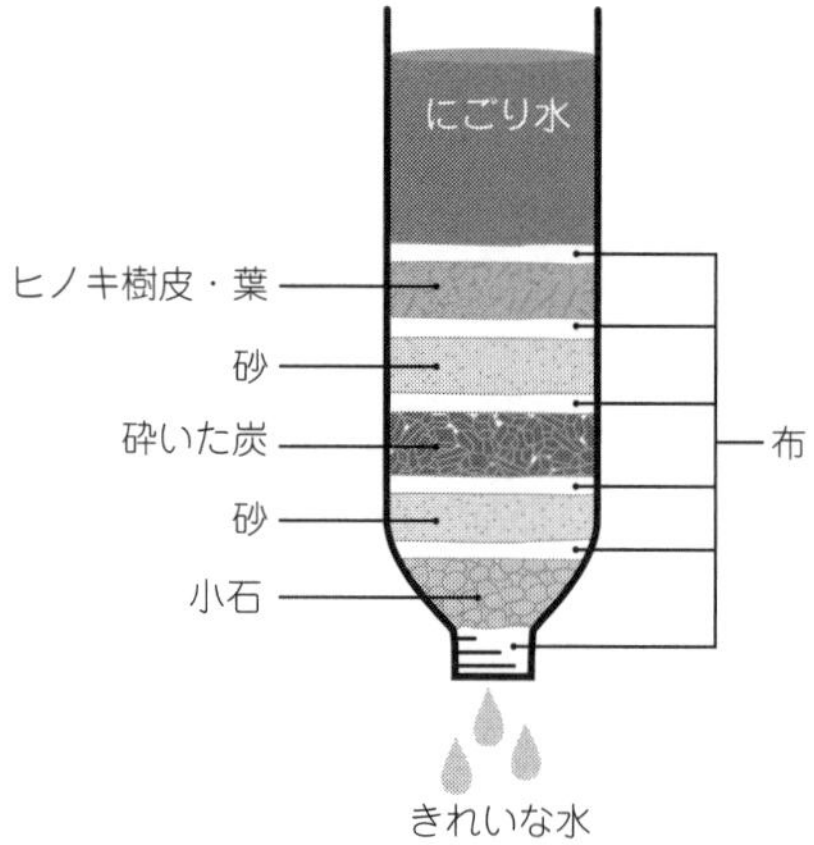

病原菌がふくまれている可能性のある水は、煮沸するのが一番です。

また、水道水で非常用飲料水を作っておくことができます。これには、さらし粉（または次亜塩素酸ナトリウム＝台所用か洗濯用の塩素系漂白剤など）が必要です。最初に容器の殺菌に用いたら洗い流してしまうので、塩素系漂白剤でもＯＫです。

あと用意するのは、飲料水用の新しいポリタンク（一〇または二〇リットル。一〇リットルなら女性でも比較的楽に持てます）と大きめの黒いポリ袋です。

水道の専門家である小島貞男さんの作り方を紹介しましょう。

①ポリタンクに水道水を二～三リットル

入れて、ふたを閉めて上下左右に激しく振り動かして予洗いをし、水を捨てます。

②さらし粉を、一〇リットルなら大さじ半分、二〇リットルなら大さじ一杯、タンク内に空気が残らないように注意してください。ふたをきっちり閉めてよく振り、さらし粉を全体に混ぜ込み、一週間ほど暗い場所で保管します。

③一週間たったら水を捨てます。再び①の要領で内部をよく洗い、水道水を口いっぱいまで注ぎ入れてからふたをしっかり閉めます。この時も、空気が残らないように、あふれるまで注ぐのがポイントです。これで容器が完全に殺菌された状態になります。

④黒いポリ袋に包んで光を遮断し、直射日光が当たらず、かつ温度変化が少ない場所に保管します。光が当たると水中のソウ類などが光合成で繁殖し、さらにそれを食べる細菌などが増えてしまうので、絶対に光が入らないようにします。

⑤夏は一カ月、冬は三カ月で入れ替えます。入れ替える時は、①の要領で内部をよく洗い、水道水を口いっぱいまで入れるのがポイントです。古い水はお風呂や庭の水まきなどに使ってください。

過去の教訓から整えられた地震観測網

最も恐ろしい自然災害を防ぐために

地震は、現状では予知が叶わない状況にあり、突発的な激しい揺れで建物やインフラに大きな被害を与えるだけでなく、津波や火災といったさらなる災害をも引き起こすおそれもある恐ろしい災害です。

しかし、現在では、テレビを視聴中ならその画面上で、スマホなら地震アプリが、ついい直前に起きた地震を教えてくれるのは当たり前のことになっています。それどころか、震源近くの地震計がとらえた速度の速い小さな地震波から、あとからやって来る大きな揺れを予測して、最大震度が五弱以上の場合、震度四以上が予測される地域には緊急地震速報が発表されます。これによって、本格的な揺れがくる数秒から数十秒前に大きな揺れがくる可能性を知ることができるようになりました。これを可能とした技術の一つが地震をとらえる観測体制です。

阪神・淡路大震災の教訓から――陸の観測網

一九九五年の阪神・淡路大震災は、日本中どこでも大きな地震が起こることを知らしめ、防災のための地震の調査研究の重要性にも目が向けられるようになりました。様々な特徴をもつ地震を観測するために、以下の三種類のそれぞれ異なる揺れの計測が得意な観測網が整備されました。

・高感度地震観測網（Hi-net）：小さな揺れを測定することができる無人観測網。全国に約二〇キロメートル間隔で約八〇〇地点設置されている。
・強震観測網（K-NET・KiK-net）：地震被害を起こす地表での強い揺れの測定を得意とする地震観測網。K-NET は約一〇五〇地点。KiK-net は Hi-net と同時に整備された強震観測網で全国に約七〇〇地点。
・広帯域地震観測網（F-net）：地震で発生する地震動のほぼすべてを記録できる観測網。水平距離で約一〇〇キロメートル間隔での設置を目安とした約七〇地点。

東日本大震災の教訓から――海の基盤観測網

海域での地震に対応する観測網整備のきっかけとなったのは、またもや日本を襲った大地震災害、東日本大震災でした。海域での地震や津波をいち早く検知して、精度の高い津波警報を出すための観測体制の整備が進められています。現在展開されている海の基盤観測網は海域別に二つあります。

・日本海溝海底地震津波観測網（S-net）：北海道沖～房総半島沖まで千島海溝～日本海溝に沿った海底ケーブルで接続された地震計と水圧計の観測網。観測地点数は一五〇。

・地震・津波観測監視システム（DONET）：近い将来に発生する可能性がある南海トラフ沿いに整備された五一地点の観測網。あらゆる種類の地震情報をとるために、強震計、広帯域地震計、水圧計、ハイドロフォン、微差圧計、温度計からなる。現在は熊野灘沖（DONET1）と紀伊水道沖（DONET2）がカバーされているが、西側の高知県沖から日向灘は未整備で、観測網の整備が急がれる。

◆地震観測網の観測点の配置図

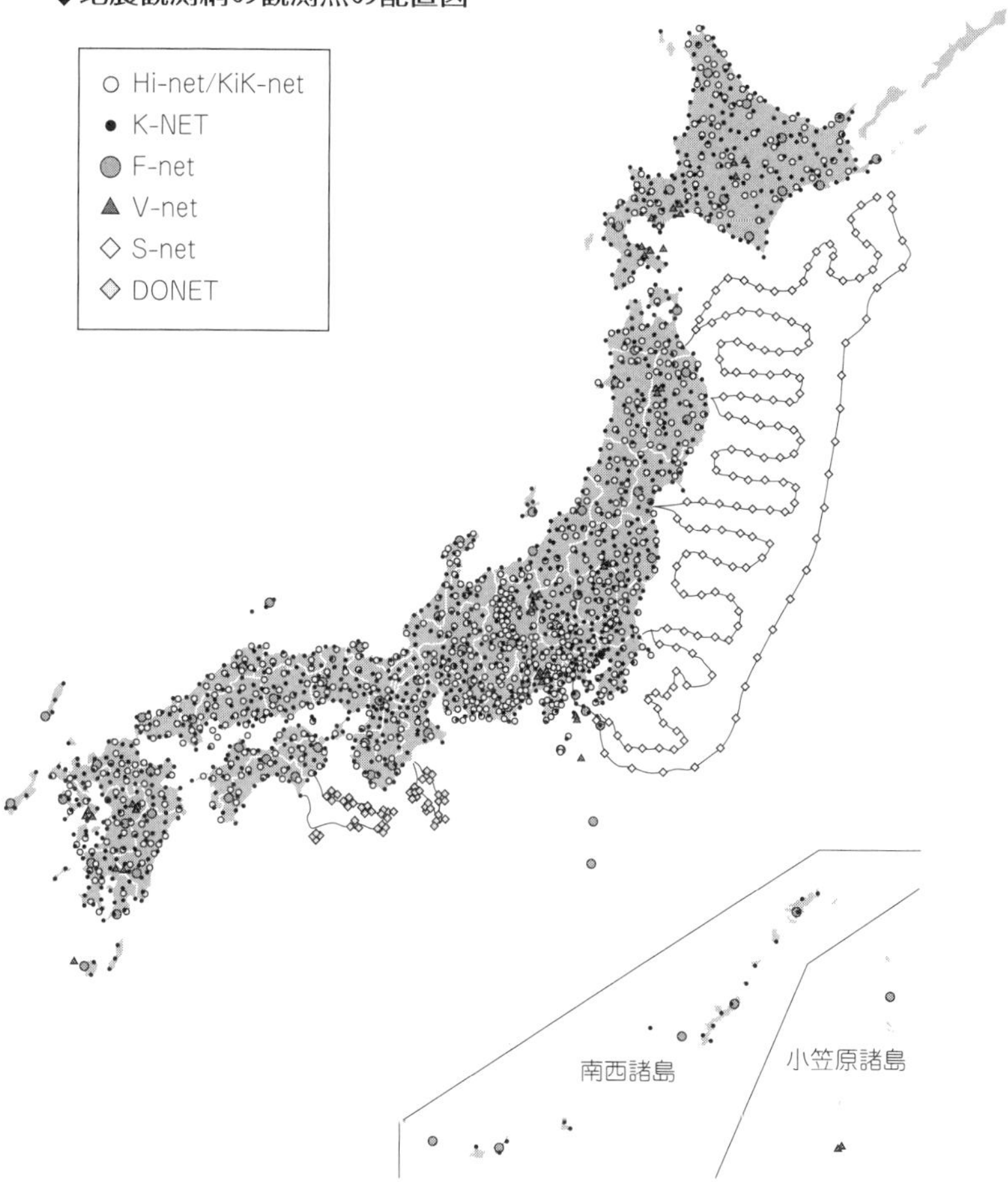

図中のV-netは、防災科学技術研究所が全国の16活火山に整備してきた観測網。
（国立研究開発法人　防災科学技術研究所　地震津波火山ネットワークセンターＨＰより）

火山はどうやって観測しているか

あやうく人類絶滅も

地球史を振り返ると急激な寒冷化の気候変動を起こし、人類の人口が一万人程度まで減少し、兄弟関係にあるヒト属の多くを絶滅させた可能性がある災害があります。それは火山噴火です。火山の活動は、数百年から数千年といった長い休止期間の後に再開する場合もあり、噴火を予測し災害を防ぐことは容易ではありません。

日本の活火山

日本では、火山噴火予知連絡会によって、「概ね過去一万年以内に噴火した火山及び現在活発な噴気活動のある火山」を活火山と定義されています。この定義に従って、日本には現在一一一の活火山が選定されています。

また、このうち、今後百年程度に噴火の可能性がある火山や噴火による社会的影響が高いと思われる五〇火山を「火山防災のために監視・観測体制の充実等が必要な火山」としています。

噴火の前兆をとらえるために

一一一の活火山は全国に四カ所ある気象庁の火山監視・警報センターで活動を監視しています。

さらに「火山防災のために監視・観測体制の充実等が必要な火山」の五〇火山では、地震計、空振計、傾斜計やGNSS観測装置、監視カメラなど、設備・施設を整備し、防災機関や研究機関・自治体といった関係機関と協力して二十四時間体制で観測・監視を行っています。

火山監視・警報センターの火山機動観測班による、五〇火山以外の活火山も含めた現地観測も計画的に行われています。活動に変化が生じた際には、状況に応じて観測の強化を行うなどの対応をとっています。そうして噴火などで周辺に危険が及ぶ可能性がある場合には危険な範囲を明示した警報を出しています。

火山観測とは

火山の観測では実際どの様なことが測られているのかを簡単に紹介しましょう。観測によって取得されたデータはリアルタイムで火山監視・警報センターへ伝送され、二十四時間体制での火山活動の監視・評価に使われています。

・地震計による振動観測：地震計によって火山性地震や火山性微動を測る。火山性地震は、噴火によるものと火山内部のマグマやガス、地熱によって高温になった水（熱水）の動きなどにより、火山活動の推移によって発生する場所や波形が変化する。火山性微動は火山性地震と比較して振動波形の始まりと終わりがはっきりとしない。

・空振計による空振観測：噴火などによって生じる空気の振動、大気中を伝播《でんぱ》する低周波で人間には聞こえにくい音の衝撃波を空振計で観測する。これによって、この時の空気の振動（音）は、視程が悪いなど、監視カメラによる観測状況が良くない場合でも噴火の時間と規模を推定できる。

・監視カメラ等による遠望観測：夜間のわずかな光でも火山活動を観測することができる高感度監視カメラで、噴煙の高さや色、噴出物をリアルタイムで監視する。
・傾斜計やGNSS観測装置による地殻変動観測：地下のマグマの活動が活発になると、地殻に力が加わり山体の形状に変化が起こる。傾斜計は山体の傾斜の精密な測定をし、ＧＮＳＳ観測装置は周辺を含めた地殻の変形を検出する。
・赤外線映像装置等による熱観測：河口付近の地表の温度分布を赤外線映像で観測したり、温度計を用いて噴気の温度や地中の温度を測定することで、火山の熱活動を把握する。

このほかにも、航空機をもちいた、地上からは近づくことのできない火口内や、噴出物の分布の上空からの観測や、遠隔測定可能な二酸化硫黄という火山ガスの放出量の観測などが行われています。

知っているようで知らない気象観測

大気の状態を知るために

毎日の天気予報や気象災害の防止、農業などの産業への利用、気候変動や気象現象解明のための研究など、気象に関わることのすべてにとって気象観測データはなくてはならないものです。これらのデータはどのように取得されているのでしょうか。

様々な気象観測

気象現象には大きさが数百メートルから数千キロメートルまで、様々な大きさのものがあります。また、大気は平面的なものではなく高さを持つもので、その運動には高さ方向の温度や湿度などの分布が大きな影響を与えます。したがって、地上から遠い上空の大気の状態を精度よく知るために、様々な気象観測、装置を組み合わせた観測を行っています。その代表的なものを紹介します。

地上気象観測

気象観測の代表と言える観測で、人の手によるデータは歴史がとても古く、観測地点数も多いです。

・地上気象観測：全国約六〇カ所の気象台・測候所で行われている気象観測。気圧、気温、湿度、風向・風速、降水量、積雪深さ、日照時間日射量の観測装置による自動観測と、雲、視程、大気現象（虹・雷・黄砂など）の目視観測がある。

・地域気象観測システム（アメダス）：気象状況を地域的に細かく観測するために現在、全国に約一七キロメートルの間隔で、約一三〇〇カ所に設置されている自動気象観測システム。観測項目は、降水量（全地点）、降水量、風向・風速、気温、日照時間（約八四〇地点・約二一キロメートル間隔）。積雪のある地域（約三二〇地点）では積雪の深さの観測がある。

・気象レーダー観測：周囲数百キロメートルという広範囲の雨や雪の観測を行う。回転するアンテナから波長五〜一〇センチメートルのマイクロ波という電波を発射し、反射波の強さから雨や雪の強さを、周波数のずれから雨や雪の降っている領域の風の観測ができる。

高層気象観測

地上での観測対象である大気よりも上にある大気の観測です。高層気象観測の主目的は、高層の大気の状態を解析する高層天気図の作成です。主な観測装置にラジオゾンデ、ウィンドプロファイラがあります。

・ラジオゾンデ観測：ラジオゾンデには気温、湿度、風向・風速を測定する装置と測定値を送信する無線装置を備えている。ゴムの気球によって毎分三〇〇〜四〇〇メートルの速度で高度およそ三〇キロメートルまで上昇させその間の大気の状態を観測する。観測時間は世界中で毎日決まった時間に行われており、日本時間では午前九時と午後九時にあたる。ラジオゾンデの観測地点は離島、南極基地も含めた全国に一七地点ある。

・ウィンドプロファイラ観測：ウィンドプロファイラは地上から上空へ波長一〇〜〇・二五メートルの短波〜超短波の電波を発射して、大気そのものを標的としてその運動である風向風速を測定する。観測高度は最大で上空一二キロメートル程度あり、観測地点は全国に三三カ所である。

気象衛星観測

気象観測を目的とする人工衛星によって、赤外放射の強度を測定するなどして、広い範囲の雲の分布や温度や湿度を測定します。また、船舶や離島の潮位データや気象観測データの中継・収集の役割も担っています。

日本のひまわり八号は、赤道上空の高度三万五八〇〇キロメートルを地球の自転と同じ周期でまわる静止気象衛星です。アジア・オセアニアおよび西太平洋地域の観測を世界の気象衛星観測網のなかで担っています。

現在観測を行っているひまわり八号ですが、実は二機体制でひまわり九号がほぼ同じ軌道で待機しています。二〇二二年からはひまわり八号が待機にまわり、ひまわり九号が観測を行う予定となっています。

Part V

宇宙と地球レベルでの怖い話

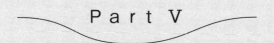

今、地球磁場の様子がおかしい

方位磁針は正確に北を示していない

方位磁針のN極は北のほうを向きますが、正確には北極から少しずれています。北極と方位磁針のN極とのずれを偏角といいます。偏角は、沖縄付近では五度、北海道宗谷岬付近では一〇度と北へ行くほど大きくなります。また、方位磁針の針は水平に見えますが、日本で使う方位磁針は、S極のほうを重く作って水平になるようにしています。

もし、バランスが取れた方位磁針を使うと、N極はかなり下を向いてしまいます。この下向きの角度を伏角といいます。伏角も北へ行くほど大きくなり、東京付近で五〇度、宗谷岬付近では六〇度も下を向きます。

偏角と伏角から地球が大きな磁石であることを示したのはイギリスのギルバートで、一六〇〇年のことです。北極の近くには北磁極があり、南極の近くには南磁極が

◆北磁極の移動

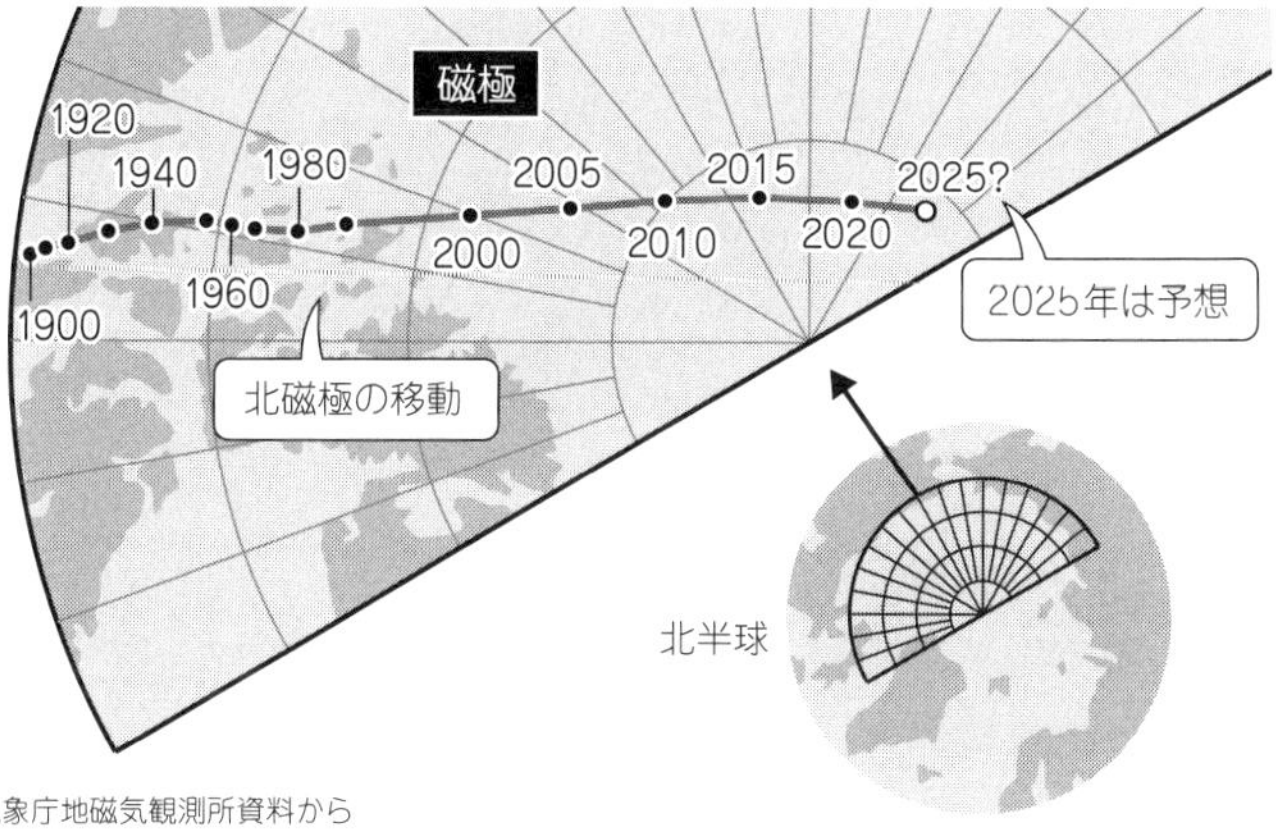

※気象庁地磁気観測所資料から

あります。北磁極では、偏角が九〇度になり、方位磁針のN極は真下を向きます。

磁極は移動する

意外なことですが、磁極は常に動いています。この動きは、二十世紀前半までは年に一〇キロメートルほどのペースでしたが、一九九〇年代になると大きくなり、年に約五五キロメートルのペースになってきました。方位磁針は、船舶や航空機のナビゲーションシステムとして静止衛星を利用したGPSと併用して使われています。磁極が移動すると、各地の偏角等も変わります。そのため、「世界磁気モデル」が五年ごとに作成されてきました。

◆地殻

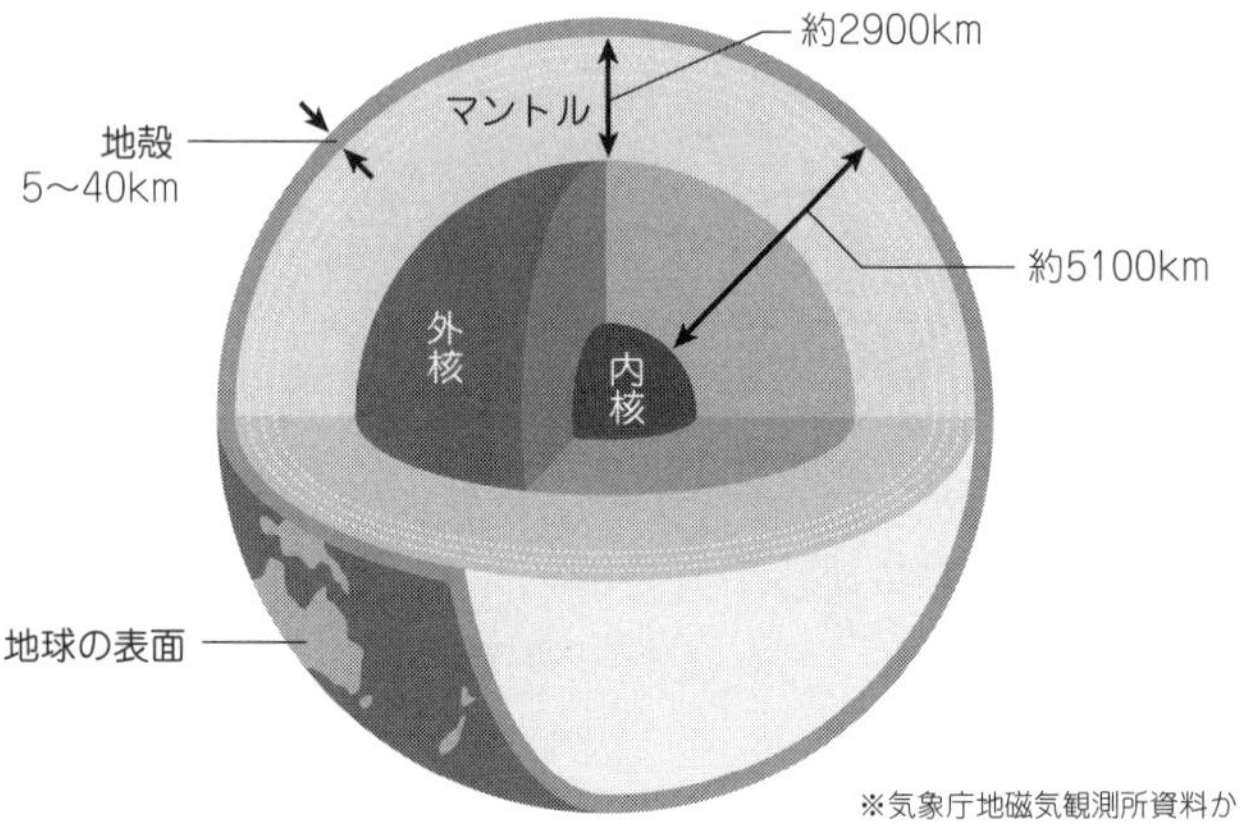

※気象庁地磁気観測所資料から

ところが、二〇一八年初めには、北磁極の現在位置や地球の磁場の変動が大きくなりすぎて、磁気ベースのナビゲーションシステムに支障が出る恐れが出てきました。そのため、二〇二〇年の予定を一年前倒しで世界磁気モデルを更新しました。

地磁気の発生メカニズム

地球の磁場を地磁気といいます。地磁気の発生メカニズムは正確には解明されていませんが、地磁気の大部分は地球の外核で発生しています。核は電気が流れやすい鉄やニッケルでできています。内核は固体ですが、外核は流体です。外核が、温度差による対流や地球の自転等によって磁場のな

◆地磁気減少のグラフ

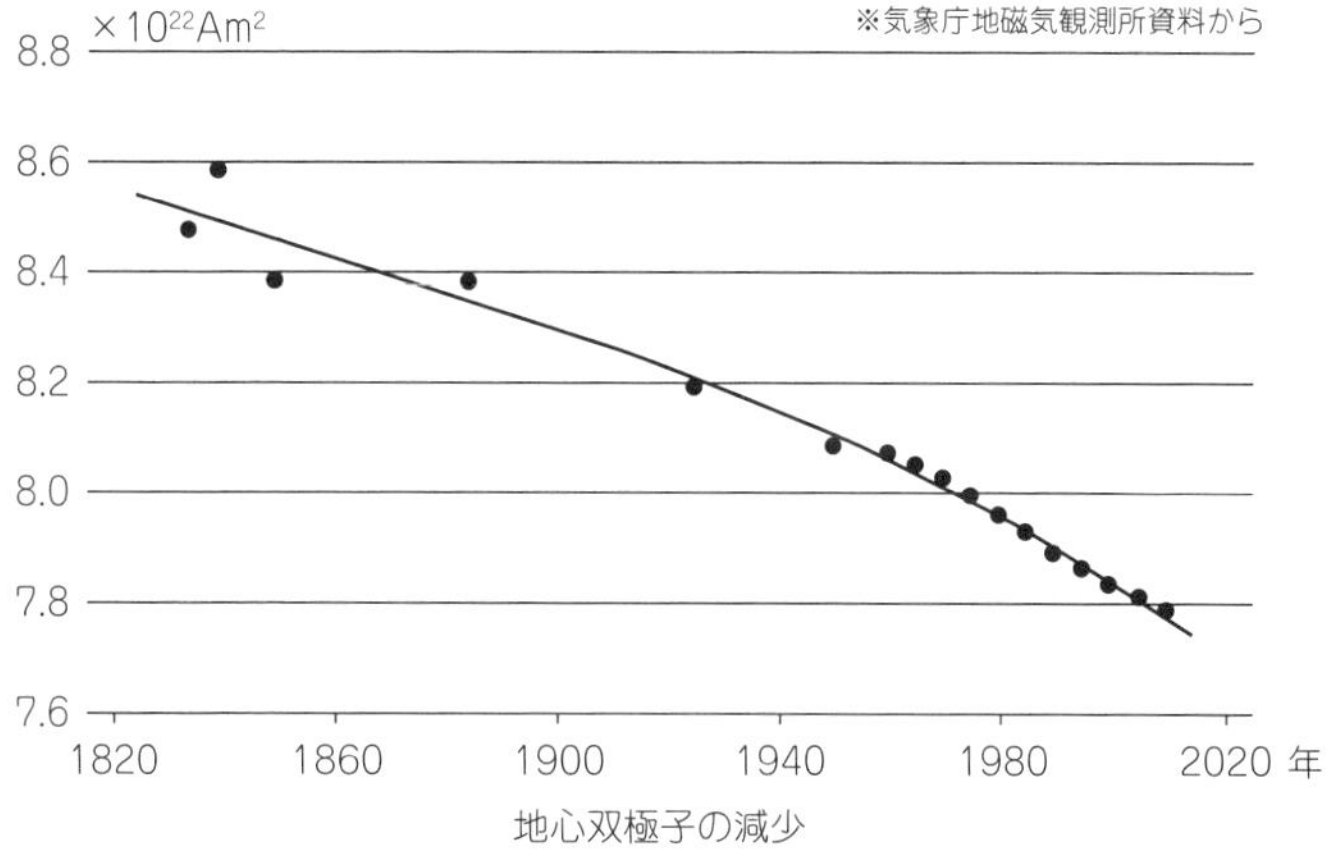

かを動くと誘導電流が発生します。そして、この電流により地磁気が作られます。

地磁気の減少

海に様々な海流があるように、外核の流れも複雑だと考えられています。ゆっくりと変化する渦が存在するという考えもあります。流れが異なると異なる磁場が発生します。地磁気は、様々な磁場が重なり合った結果として表れています。そのため、磁極の位置が変わるだけではなく、地磁気の強さも変化します。

図は、地心双極子（地球磁場を棒磁石と見なした磁力）のグラフです。ここ二百年間、減少を続けていることがわかります。

このままのペースで減少を続けると、約千二百年後には、ほぼゼロになってしまいます。しかし、過去の地磁気の記録を調べるとこの程度の増減は何度も繰り返されており、このまま地磁気がなくなってしまうことはないと考えられています。

地球磁場の逆転

二〇二〇年一月十七日、国際地質科学連合により地球の歴史で約七十七万四千～十二万九千年前の地質時代名が「チバニアン」（Chibanian、千葉時代）と命名されました。基準となった地層は、七十七万四千年前に海底で堆積したもので、この地層の前後には、この時期に地球の地磁気（N極・S極）が逆転した痕跡が残されています。地磁気の逆転は、過去数億年の間に何回も起きていて、逆転が起きるときには、全体の地磁気が徐々に弱くなり、ほぼゼロになってから入れ替わります。

地磁気がなくなったら

太陽からは、「太陽風」という高温の電気を帯びた粒子が飛び出しています。太陽風は生命にとって有害で、たくさん浴びると、癌《がん》や遺伝子の異常、死に至る危険さえ

◆太陽風と磁気圏

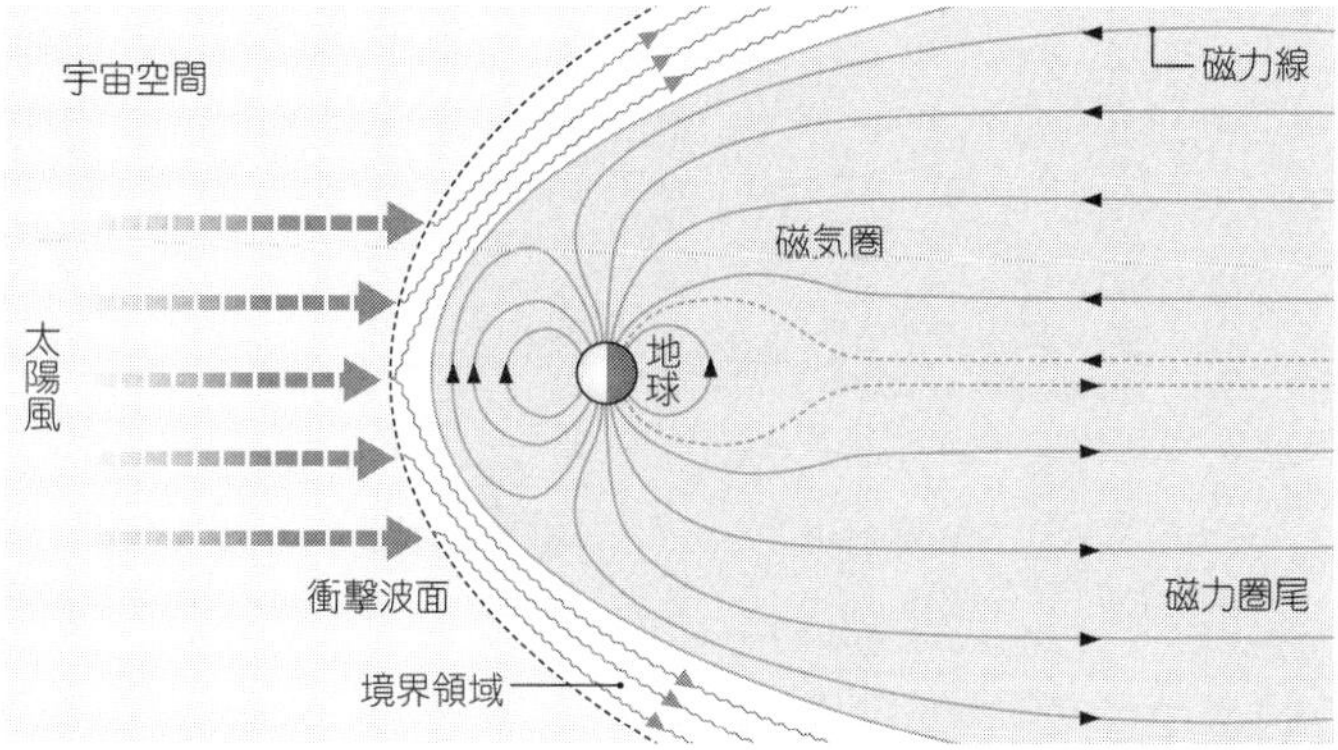

あります。太陽風は、地球付近には地磁気があるために、図のように地球を包み込むようにまわりにそれて流れていきます。その結果、太陽風のなかに磁気圏という細長い太陽風のない空間ができます。つまり地磁気は、太陽風が直接地球に侵入することを防ぐバリアの役目を果たしています。

もし地磁気がなくなると、太陽風が直接地球に降り注ぐことになります。生物は絶滅の危機にさらされるのでしょうか。これまで地球には何度も地磁気のない期間が存在しましたが、そのたびごとに生物が大量絶滅した形跡はないといいます。これは、地球の大気が第二のバリアの役目を果たしているからだと考えられています。

巨大噴火の冬、核の冬

火山大爆発のパラソル効果

私たちが生活している環境の大気中には、非常に小さな粒子がたくさん浮遊しています。これらの粒子をエアロゾルといいます。エアロゾルとは、簡単にいうと大気中を漂う〝ちりやほこり〟ですが、火山からの噴煙、工場の煙突や車から出てくる煙、たばこや焚き火の煙、ひいては空をただよう雲や霧、これらもすべてエアロゾルです。エアロゾルの別名は「煙霧質」です。

気候・気象でパラソル（日傘）効果があります。パラソル効果は、エアロゾルが成層圏まで達し、日傘のように太陽光線をさえぎり、地表の温度上昇を妨げることです。

火山の噴煙が成層圏にまで届くような大規模な火山爆発では、噴煙が二～三年間成層圏を浮遊して太陽光線を反射します。その結果、パラソル効果で、地球の吸収する太陽光エネルギーを抑えるので、気候に寒冷化作用を及ぼします。噴煙中の火山灰は一カ月以内に落下してしまいますが、噴煙中にふくまれていた気体の二酸化硫黄が変質してできた微小な硫酸液滴が長期間に成層圏を浮遊して気候に影響を及ぼします。火山性エアロゾルによるパラソル効果には次のような事例があります。

・一七八三年 アイスランド、ラキ山噴火
火山性エアロゾルが高度一五キロメートルまで達し、北半球全体の気温が下がった。日本では二年後浅間山の噴火と重なって冷害が発生し、天明の大飢饉の原因となった可能性がある。

・一八一五年 インドネシア、タンボラ山噴火
過去二世紀に世界で記録されたもののうち最大規模の噴火。地球全体の気温は数度低下し、世界中で飢饉と疫病が蔓延。

・一八八三年 インドネシア、クラカタウ山噴火
火山性エアロゾルが成層圏まで広がり、北半球全体の平均気温が〇・五〜〇・八℃低下。その粉塵により、ヨーロッパの夕焼けが色鮮やかになった。

・一九九一年 フィリピン、ピナトゥボ山噴火

二十世紀最大規模の大噴火。火山性エアロゾルが成層圏まで広がり、地球の平均気温を約〇・五℃下げた。

「核の冬」というシナリオ

大規模な核戦争が起これば、広島・長崎のときには経験されなかったことが起こるというシナリオが、科学者たちの研究によって描かれました。それが「核の冬（ニュークリア・ウィンター）」という事態です。

一九八三年に、カール・セーガンらの科学者が提唱し、研究が活発になりました。一九八五年には国際学術連合会議が「核戦争による環境への影響」と題する研究報告を発表。核戦争が起こったとき大気にどのような影響が起こるかを、過去の火山の大爆発や核実験のデータやいろいろな仮定のもとにコンピュータで予測しました。

その結果、都市に対する大規模な攻撃をふくむ核戦争では、各地で大火災が起こり、ものすごい量のススが出て、それが天をおおい、太陽の光をさえぎり、地表まで日差しが届かず、気温が急速に下がるという可能性を示しました。

当時、世界には、核兵器が最大二万メガトン程度あると考えられていました。ここでいう二万メガトンはTNT換算のものです。核兵器の爆発の威力は、核兵器が爆発するときに放出するエネルギー量で示すが、ふつうこれに等しいエネルギーを得るために必要なトリニトロトルエン（TNT）という火薬の質量で表されています。たとえば広島に投下された「リトルボーイ」は一五キロトン、長崎に投下された「ファットマン」は二一キロトンといわれています。一メガトンは一〇〇〇キロトンです。

このうち五〇〇〇メガトンの核兵器の二〇％が都市または産業を目標として、全体の五七％は地表近くで爆発と仮定すると、気温は三週間後ぐらいにマイナス二〇℃以下に下がり、〇℃以下の気温は三カ月以上も続くというのです。同様なことは一〇〇メガトンの核兵器を都市や産業を目標に用いても起こることが示されました。

核の冬による寒冷化や食料不足で、世界中で一〇億～四〇億人が死亡すると指摘されたのです。

幸いなことに戦後核戦争のボタンは押されることはありませんでした。しかし、広島・長崎後、少なくとも、朝鮮戦争・ベトナム戦争・キューバ危機と核兵器使用の危機があり、しかも核保有国は増え、核兵器の能力は飛躍的に増大しています。

地球温暖化と異常気象

異常気象は地球温暖化が起こしているの？

国内の豪雨災害や、海外の熱波や干ばつなど、異常気象のニュースを頻繁に見ると、地球温暖化の影響なのだろうか？　という問いが自然に湧き起こると思います。

異常気象とは、気象庁では「三十年に一回以下で発生するまれな気象現象」としています。地球温暖化に関する世界中の研究成果を集めて知見をまとめている機構である、国連の気候変動に関する政府間パネル（ＩＰＣＣ）では、「極端な気象（気候）現象（ExtremeWeather (Climate) Events）」という用語を用いていて、確率分布的に通常の一〇％以下あるいは九〇％以上の領域に入るまれな気象現象と定義しています。

そこで、ここでは気象庁の定義による異常気象とＩＰＣＣによる極端な気象（気候）現象を合わせて異常気象として説明したいと思います。

異常気象の直接の原因が地球温暖化にあるかといえば、一つ一つの異常気象の事例を分析してみると、多くの場合は地球の大気と海洋の自然のゆらぎである自然変動が大きく振れた時に起きていることがわかっています。

地球温暖化は異常気象の発生頻度をあげる

では、地球温暖化の異常気象への影響は不明なのかというと、そういうことではありません。地球温暖化は異常気象の頻度や強さに影響する可能性が高いと考えられています。たとえば、地球温暖化の影響で気温の上昇傾向が続いていると、自然のゆらぎにその分がかさ上げされると考えてみるとわかるでしょう。

ＩＰＣＣの現時点で最新の報告書である第五次評価報告書において、近年観測された異常気象の変化と人間活動による地球温暖化の影響について、可能性が高いとされているのは次の現象です。

・ほとんどの陸地での、寒い日や寒い夜が減少、および暑い日や暑い夜が増加‥現時点で変化が生じている可能性が非常に高く、二十一世紀末にはほぼ確実に人間活動の寄与による変化が予測されている。

・ほとんどの陸地での継続的な高温や熱波の頻度や継続期間の増加：現時点での変化の確信度は中程度で（ヨーロッパ・アジア・オーストラリアの大部分で可能性が高い）、二十一世紀末には人間活動の寄与による変化の可能性が非常に高いと予測されている。

・大雨の頻度、強度、降水量の増加：現時点での変化は減少している場所より増加している場所が多い可能性があり、二十一世紀末には中緯度の大陸のほとんどと、湿潤な熱帯域で可能性が非常に高いと予測されている。

影響を評価する新しい試み

異常気象と地球温暖化、こういうことに専門家は歯切れの悪いコメントしかしないよなぁ――そんな風に思う向きもあるかもしれません。しかし、最近の研究では、個々の異常気象について、最先端の気候モデルとスーパーコンピュータを利用して、発生する確率やその強度に地球温暖化がどの程度寄与したかを定量的に評価することが試みられています。

「イベント・アトリビューション」と呼ばれるこの手法を、極めて簡単に説明すると、ある異常気象の事例を再現する際に、自然変動のみの影響を入れた場合と、人間活動による影響も入れた場合でシミュレーションを行います。それぞれのシミュレーションでは、計算の初めの値（初期値）にわずかな違いを与えていくつも計算させることで、少しずつ異なる結果が出されます。こうすることで、計算結果をある分布を持つ確率として示し、二つの分布を比較して、異常気象の発生確率が地球温暖化によってどのくらい違ってくるのかを見るのです。

このようにして、異常気象への地球温暖化の寄与を実際に分析した例によると、

・二〇一〇年の南アマゾン干ばつ：自然変動が最も重要であるが、人間活動による温室効果ガスや大気汚染物質などで発生確率が高められていた可能性が高い。
・一九五〇〜二〇一七年までのアラスカの年間平均気温：気温上昇の七五％が温室効果ガスの寄与によると考えられる。

このように、最も地球温暖化の影響が出ているといわれる極域での研究では、地球温暖化の影響がはっきりと出ていると考えられる研究結果も出ています。

オゾンホールの拡大

オゾンは酸素原子三個からなる気体です。ちなみに私たちが呼吸している酸素は酸素原子二個からなります。大気中のオゾンの九割以上が成層圏（約一〇〜五〇キロメートル上空）に存在していて、このオゾンの多い層を一般的にオゾン層といいます。オゾンは、太陽からの有害な紫外線を吸収しています。このオゾン層が薄くなり、穴が開いたような状態になったものをオゾンホールと呼びます。

オゾンホールの発見

第二三次日本南極地域観測隊が一九八二年に昭和基地で観測し、一九八四年にギリシャで開かれた国際会議で発表したのが、世界で最初の南極オゾンホールの報告となりました。その後、世界中でオゾンホールの観測・研究が進められてきました。その過程でオゾンを破壊する化学物質が判明していきました。その代表格がフロンです。

◆オゾンホール

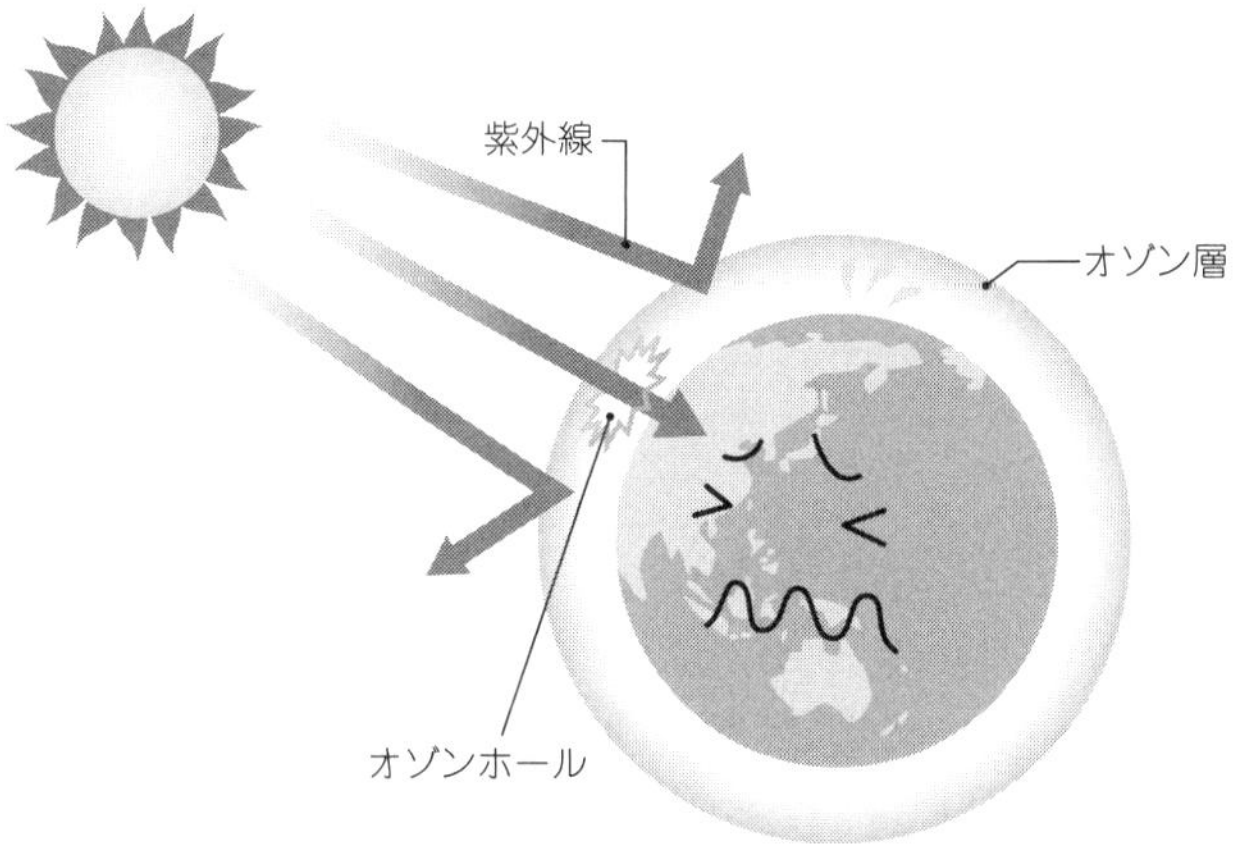

これは冷蔵庫やエアコンなどの冷媒のほか、スプレー缶、洗浄剤、発泡剤などに広く利用されてきました。そのフロンが大気中に放出されると強い紫外線により、塩素を放出してオゾン層を破壊するのです。その結果、地上に達する有害な紫外線の量が増える恐れが高まり、世界規模で早急な対策が求められました。オゾンホールは、南半球の冬から春にあたる八～九月ごろ発生、急速に発達し、十一～十二月ごろに消滅するという変化を繰り返しています。

紫外線が増えると?

オゾン層が一%こわれると有害紫外線が二%増加するといわれています。太陽からの有害紫外線は人間を含む生態系にさまざまな悪影響を与えます。また、大気の環境に変化をもたらし、地球規模で気候に影響を与え、大きな災害につながってしまう危険性もあります。

地表にいる私たちが紫外線を浴びると、皮膚の細胞のＤＮＡに傷がつきます。細胞には傷ついたＤＮＡをもとに戻すしくみが備わっていますが、紫外線による障害が度重なると、直し間違いが起こり、突然変異が生じることがあります。それが皮膚癌の原因になると考えられています。私たちは子供の頃から日常的に大量の紫外線を浴びています。皮膚癌に関しては、日本人をはじめ有色人種は白色人種に比べて紫外線の影響が少ないことがわかっています。しかし紫外線に対して抵抗力があるからといって、むやみに日焼けすることは良くありません。

人間以外の生物も当然、紫外線の影響を受けます。特に微生物は有害紫外線の影響を受けやすく、プランクトンやさまざまな動植物の成長がさまたげられることが考えられます。そのため漁業や農業への影響が懸念されます。

生物以外への影響として、地上付近の酸素が紫外線に反応し、対流圏オゾンが増えることによって、光化学スモッグの原因にもなります。プラスチックなどは紫外線によって劣化しやすくなります。窓ぎわや屋外に置いてあるものが色があせたり、割れやすくなるのはおもに紫外線の影響です。

オゾンホールの変化

オゾンホールの規模は、一九八〇年代から九〇年代半ばにかけて急激に拡大しました。しかし、一九九〇年代後半以降では、年によって短期的な増減はあるものの、長期的な拡大傾向は見られなくなりました。一九八七年に合意されたモントリオール議定書に多くの国がサインをし、世界的にフロンガスの使用が禁止されました。それ以降、オゾン層を破壊しない代替物質の使用が一般化し、有害な化学物質の放出は減少してきています。

モントリオール議定書は、最も成功した環境条約と称されており、オゾンホールは着実に縮小している。NASAの新しい調査結果によると、二十一世紀末までには実質的に消滅するということです。逆に言えば、減少したとはいえ、オゾンホールが私たちや自然界へ及ぼす影響はまだしばらく続いていくということになります。

日本をとりまく海流の影響力

海流の描像

四方を海で囲まれた島国の日本の近海には、いくつもの海流が流れています。海流はときどき海のなかを流れる川のような流れと説明されることがありますが、正確にはほんの少し違います。

海流とは一般に、海洋の表層の水の流れのことを言い、貿易風や偏西風のような風が海面の水を引きずる力がもとになっています。長時間流れを測って平均をとった時に、その流れの方向と大きさが見えてきます。ですから川の流れのようでいて、空気の流れである風にも似た変動性を持っているのが海流です。

大気と比べて海水は比熱が大きいので、海流は沿岸の気候に大きな影響を及ぼします。変動は異常気象を起こす場合もあります。気候変動にも見逃せない影響力を持っています。

黒潮──日本海流とも呼ばれる世界有数の海流

日本のまわりを流れる海流の代表はなにかと問われれば、まず初めにあげられるのは黒潮です。黒潮は日本の南岸沖を流れる海流です。

黒潮は、赤道近くの東風である貿易風と中緯度を吹く偏西風が作る北太平洋の南側の時計回りの海水の運動が、地球の自転の作用で西側に偏り、幅が狭く流れが速くなることでできた海流です。流速は速いところで毎秒二メートル、流れの幅は一〇〇キロメートルで、毎秒五〇〇〇万立方メートルの海水を輸送しています。

〈黒潮という名前の由来〉

日本の沿岸では、沿岸近くの栄養分の多い濁りのある海水と比べて深く済んだ色をしているためにこの名がついたといわれています。黒潮の原流域はフィリピン東方で、海水に栄養分が少なく透明度が高い海域です。

〈黒潮大蛇行〉

黒潮には、異なる二つの安定した流路のパターンがあります。日本の南岸沖をずっと岸に沿って流れる流路と遠州灘沖を大きく南に蛇行する流路（大蛇行）です。大蛇行流路では、蛇行する流路の内側に冷たい海水を抱える形となるために、沿岸地域が低温の影響を受ける場合や、黒潮にのってやってくる魚の漁場が変わってしまうなどの影響をあたえます。

親潮――生命を育てる親となる潮

黒潮が南の海に源流を持つ日本近海の代表的海流であるのに対し、その対とでもいうべき存在が親潮です。

親潮は、北太平洋の北側の反時計回りの循環流が、黒潮と同じように地球の自転作用によって西側で強められてできた海流です。

〈親潮という名前の由来〉

親潮の名前は栄養分が多く魚類や海藻類を育てる親のような海流であることに由来するとされています。黒潮が深く澄んだ藍色であるのに対して、透明度がずっと低く、緑色や茶色がかった色に見えます。親潮の源流域は北洋の好漁場と呼ばれるベーリング海にあります。

〈混ざり合う親潮〉

親潮は流れの過程で周辺の海域の水と混ざり合うことが知られています。源流域から千島列島沿いを流れ、オホーツク海の水と混合することで親潮は温度と塩分が低下します。北海道、東北沿岸を南下した一部は黒潮と合流、混合して北太平洋の南側に広く存在する中層の水を作ります。この時に二酸化炭素を海洋中に取り込むため、気候変動に重要な影響力を持つと考えられています。

対馬暖流——日本海を流れる海流

日本海の海面の水温分布を見ると、ほぼ北緯四〇度の辺りで南の高温と北の低温に分かれます。これより北では、青森県と北海道の西岸に張りつく形で高温が分布しています。この暖水がしめる海域を流れるのが対馬暖流です。

対馬暖流は黒潮と比べると、海水の輸送量は約一〇分の一、流速は四分の一という弱い流れです。起源は東シナ海の大陸棚斜面を流れる黒潮が、広い大陸棚を持つ東シナ海の中国大陸の大河の流出先である沿岸水の影響を受けた水です。対馬暖流は、日本海側を世界有数の豪雪地帯とする一因です。

歴史も動かすエルニーニョ・ラニーニャ現象

神の御子エルニーニョと女の子ラニーニャ

エルニーニョ現象は、赤道付近の南アメリカのペルー沿岸から太平洋の中央部までの海域で平年と比べ海水温の高い領域が帯状に発達する現象です。ラニーニャ現象は逆に、この海域に平年と比べ海水温が低い領域が帯状に発達する現象です。どちらも数年おきに発生し、一年程度以上継続し、発生すると世界各地の天候に大きな影響をあたえます。

エルニーニョはスペイン語で「幼子キリスト（神の男の子＝神の御子）」という意味です。もともとはペルー北部で毎年のようにクリスマスの頃に現れる弱い暖流のことを漁師たちがこう呼んでいました。これは東からの風である貿易風が季節的に弱まり、はるか沖合に吹き寄せられていた暖水が押し戻されて流れ込んだものです。

この地域的で短期間の現象が大規模で継続時間が長いものをエルニーニョ現象と呼

ぶようになりました。

ラニーニャはスペイン語で「女の子」という意味です。こちらは地元の言葉ではありません。エルニーニョ現象を研究している研究者が、エルニーニョとは反対の異常現象もあることに気がつきました。初期には反エルニーニョと表現されることもありましたが、それだと反キリストという意味も想起されるので、エルニーニョの男の子に対して、女の子と呼ぶようにアメリカの海洋学者が提案し、それが現在定着しています。

エルニーニョ、その時歴史が動いた！

世界各地の天候に影響をあたえると言われるエルニーニョですが、最近の研究で一七八九〜一七九六年に強力なエルニーニョ現象が起こったとされています。ヨーロッパは、小麦の大凶作が起き、「パンがなければ、ケーキを食べればいいじゃない」と言った、マリー・アントワネットが断頭台の露と消えました。フランス革命勃発の、最後の一押しはエルニーニョだったのかもしれません。

仕組みを解説！ エルニーニョ・ラニーニャ現象

豆知識の後には、科学的にエルニーニョ・ラニーニャ現象の仕組みの解説です。

〈いつもの赤道太平洋〉

東からの貿易風によって、海面近くの暖かい海水は太平洋の西側に吹き寄せられ、インドネシアの周辺海域では暖かい水の層ができる。一方で、南アメリカ沿岸のペルー沖では貿易風に運ばれた表層の暖かい水の代わりに深くから冷たい水が湧き上がる。

〈エルニーニョ現象時〉

貿易風が弱まるために、西側に留《とど》まっていた暖かい水が東側へ戻ってくる。そのため太平洋の中央〜東側で海水温がたかくなり、ペルー沖での冷たい水の湧きあがりは弱まる。

〈ラニーニャ現象時〉

貿易風がいつもより強く、西側の暖かい水の層がより厚くなる。ペルー沖での冷たい水の湧きあがりは強まる。太平洋の中央〜東側の海水温は低くなる。

◆通常時とエルニーニョ・ラニーニャ現象時での赤道太平洋

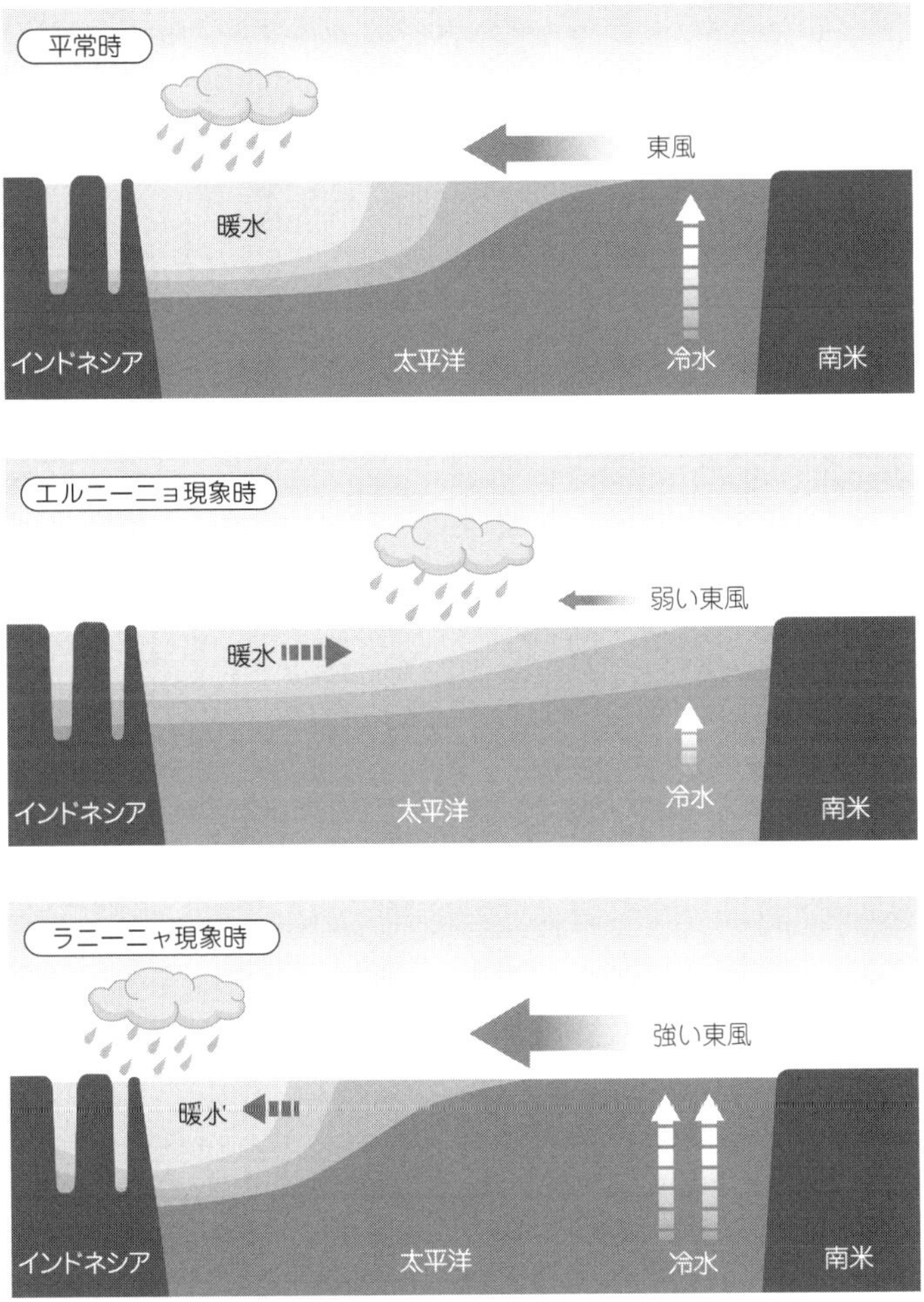

小惑星の地球衝突

六千六百万年前に恐竜が滅びた

六千六百万年前（＊）に巨大な小惑星が地球に衝突しました。その場所は、現在のメキシコ湾と考えられています。そして、その影響で恐竜が絶滅し、地球上の生物の七五％が絶滅したという説が現在で最も有力です。その衝突は、数百メートルの高さの津波や山火事などを引き起こし、大量の硫黄が放出されました。衝突にともなう粉塵等で太陽光が遮られ、地球の寒冷化が恐竜絶滅の原因だと考えられています。

隕石や小惑星の落下は、数え切れないほど

小惑星ほどの大きさでなくても、隕石の落下は甚大な被害を及ぼします。一九〇八年六月三十日には隕石が地球に接近し、シベリアのツングースカで爆発しました。当時は、人が住んでいない奥地で十分な検証はできませんでしたが、東京二三区の三倍

◆地球への隕石衝突

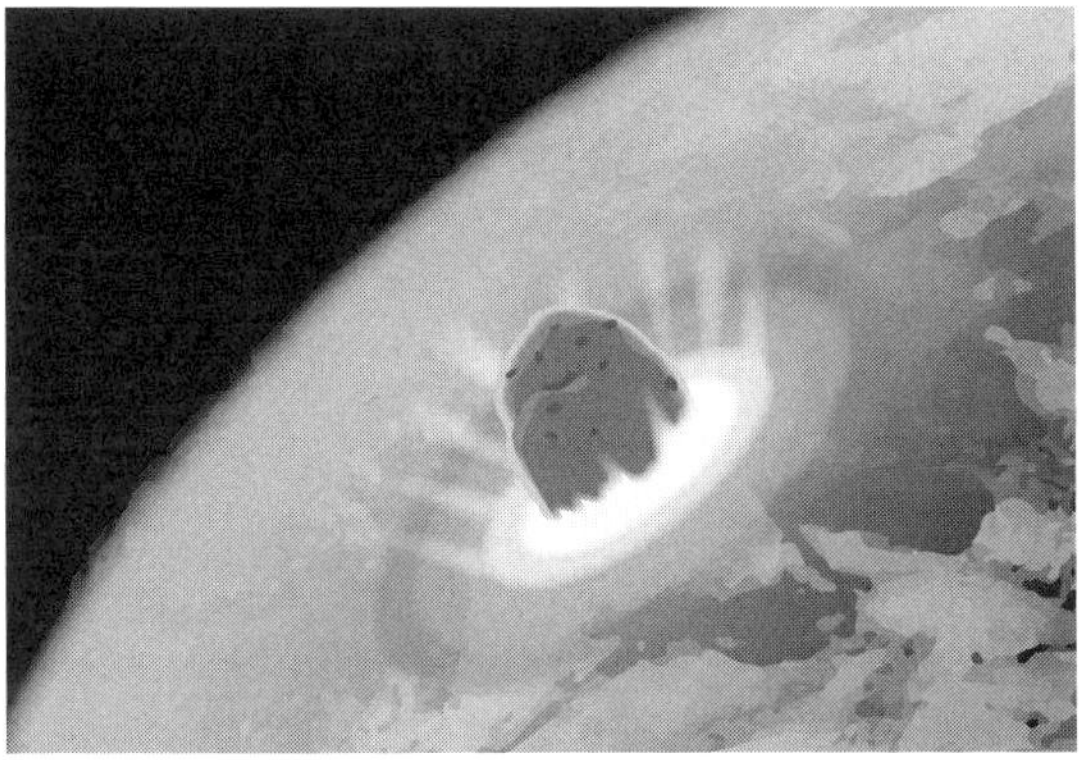

近い広さの木々が倒されました。最近では、二〇一三年二月十五日、ロシア連邦ウラル連邦管区のチェリャビンスク州付近で隕石の落下により被害が出ました。隕石が大気圏に突入し分裂され発生した衝撃波により、ガラス等が割れて約一四〇〇人の負傷者、また四〇〇〇棟以上の建物が損壊しました。

地球表面には隕石や小惑星の落下が原因と思われるクレーターが今でもたくさん残っています。フレデフォート・クレーター（南アフリカ共和国）、サドベリー盆地（カナダ）、アクラマン・クレーター（オーストラリア）、ウッドリー・クレーター（オーストラリア）、マニクアガン・

クレーター（カナダ）、チクシュルーブ・クレーター（メキシコ、恐竜絶滅）など。

これらは直径数十キロメートル以上の大型クレーターですが、さらに小さなものは、大気や雨などの浸食で姿形が消えています。天体が地球に突入する速度は、秒速二〇キロメートルを超えるものもあり、小さな天体でも都市部に落下したら甚大な被害を与えます。

地球とニアミスした小惑星

二〇一九年七月二十五日、直径約一三〇メートルの小惑星2019OKが地球から約七万二〇〇〇キロメートルほどの距離を通過しました。小さな天体ですが、衝突したら、いくつもの都市を破壊する威力をもっています。この距離は、地球と月の距離の五分一以下で、天体レベルではニアミスです。これ以前にも、地球に接近する小惑星はたくさんありました。二〇〇四年三月三十一日に、小惑星2004FU162が地心からわずかに一万三〇〇〇キロメートル、また、同じ月の三月十九日には、小惑星2004FHが四万三〇〇〇キロメートルの地点を通り過ぎました。地球の付近までやって来る地球近傍小惑星はたくさんあり、これらの捜索は一九九〇年代から始まり、今まで

◆地球の近くを通過した小惑星

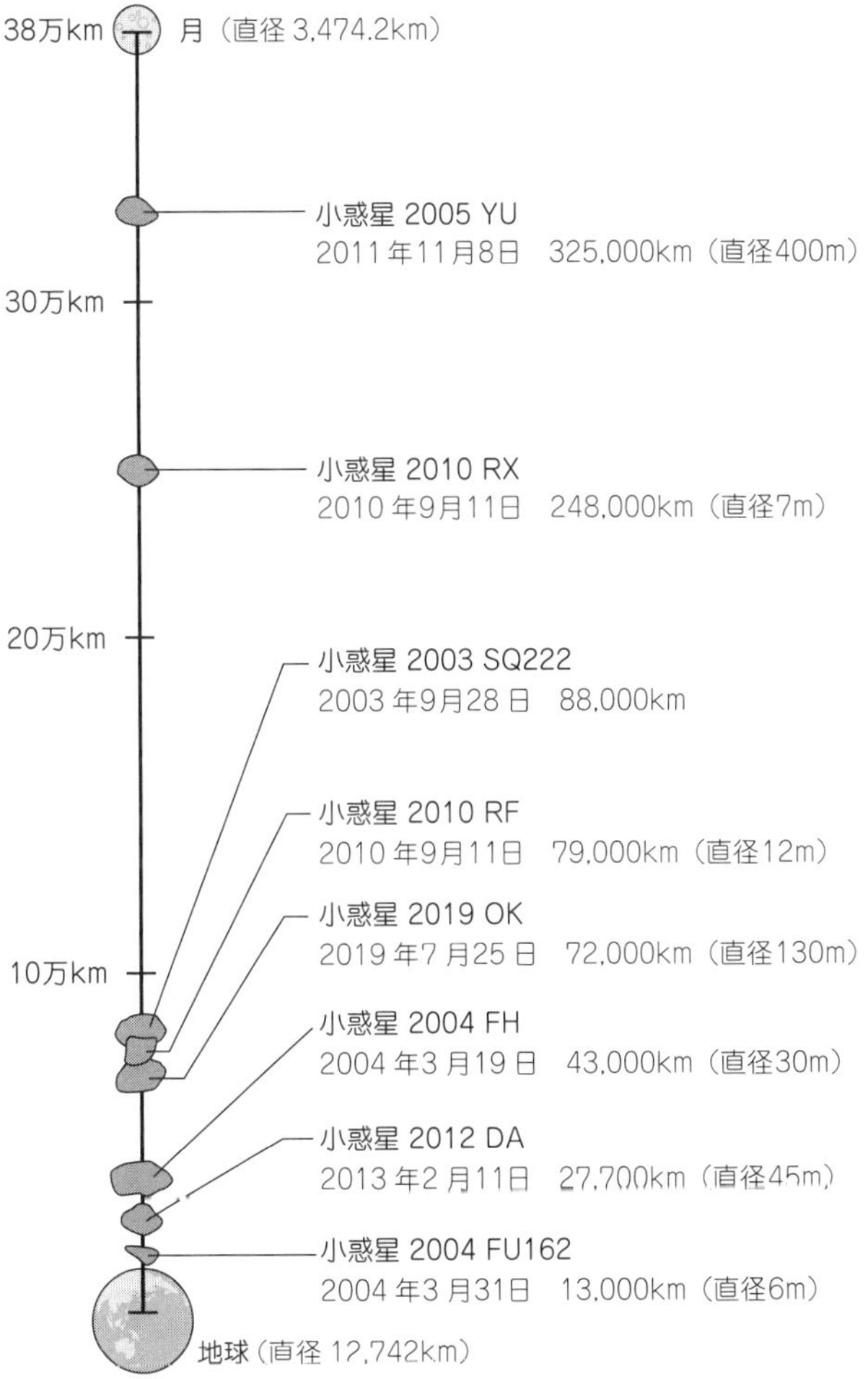

※データは、「Incoming Asteroid」Springer（2013）著者 Duncan Lunan などを参考に作成

に約四〇〇〇〇個が見つかっています。

世界中で常時監視

各国のスカイサーベイ機関は、地球に影響を及ぼす宇宙からの天体を検知する観測を行っています。アメリカのリンカーン研究所や岡山県の美星スペースガードセンターなど、地球を守るために二十四時間全天をパトロールしています。しかし、地球に接近するすべての小惑星や大型隕石を追跡するのはとても難しいです。それらは、地球小さく暗く、接近の数日前まで気づけないのです。地球に脅威を及ぼす天体について、ＮＡＳＡは、既存の技術を用いて天体を破壊したり、軌道を変えさせたりする技術を開発中ですが十分な時間があるわけではありません。

＊小惑星による恐竜の絶滅については六千五百万年前という報告もあります。

各国のスカイサーベイ機関が
地球を守るため
24時間体制で全天を
パトロールしている

超新星爆発によるガンマ線バーストの直撃

記録に残る超新星爆発

平安時代の一〇五四年、おうし座の星が突然輝き、超新星爆発を起こしました。この時起こった超新星爆発（SN1054）では、マイナス八等級前後まで輝いたとされ、金星（マイナス四等）よりも格段に明るく、昼間でもハッキリ見え、約二年ほど見え続けたと多くの古文書に残っています。爆発前には、オリオン座のベテルギウスのような赤い光を放つ赤色巨星と思われる星でした。この超新星爆発の残骸は、今でも拡大しつつあり望遠鏡でも観測できる「かに星雲」です。この星までの距離は七〇〇〇光年と、天文学的には比較的近い距離でした。

最近の研究により過去の超新星爆発は、全天に次々に発見されています。一〇五四年の超新星よりも近くの恒星で起こった爆発も発見されています。それは、今から

◆冬の星座と超新星の位置

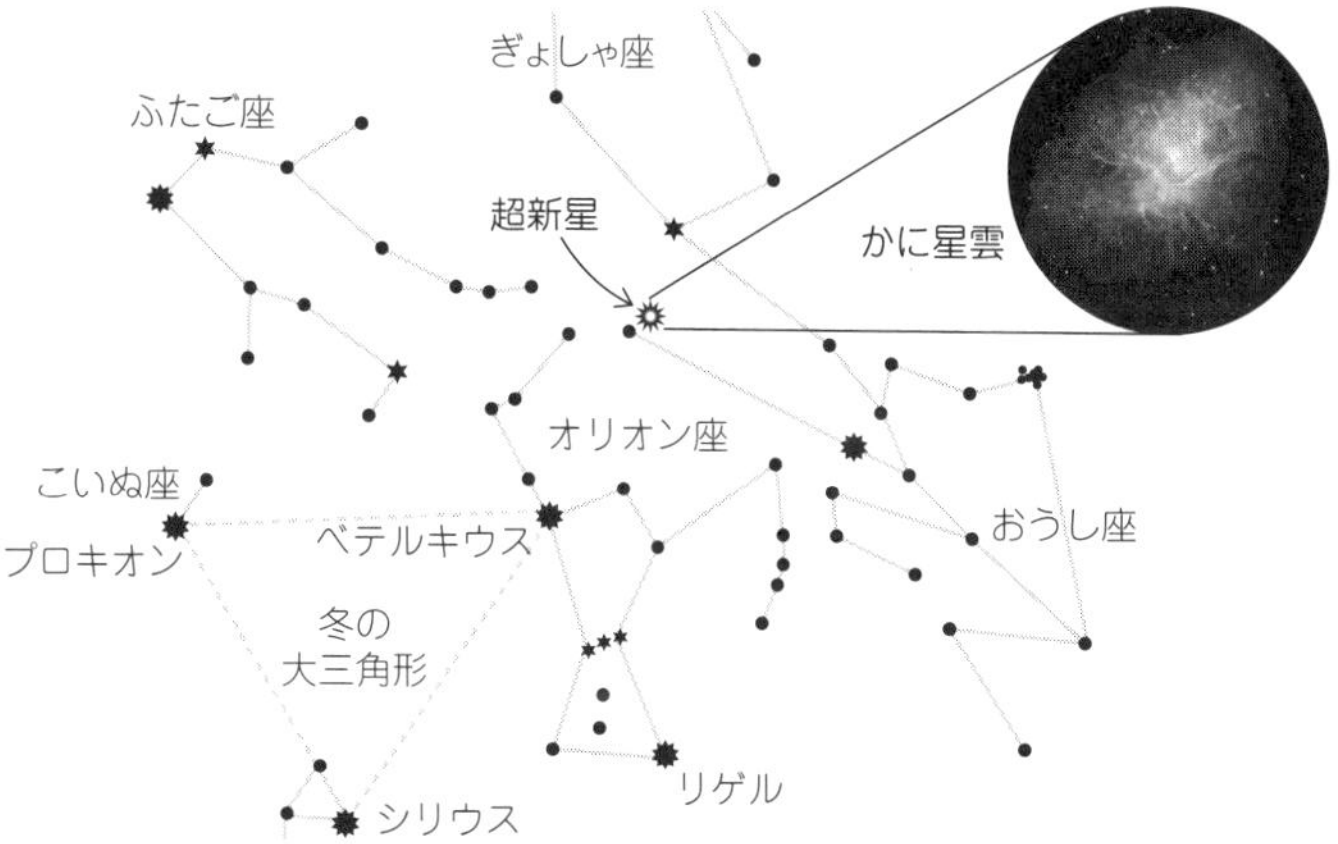

二百万年ほど前に約三〇〇光年先の太陽系に近いてんびん座とおおかみ座の間の恒星でおこりました。これは、今日になって宇宙空間に散らばっている超新星爆発の残骸の観測からわかりました。さらに詳しい観測から複数回の爆発が確認されています。当時は人類が誕生したばかりで、夜空に満月よりも明るく輝き、夜でも大地を明るく照らしたと考えられています。超新星爆発は、ガンマ線などの放射線もまき散らします。

オリオン座ベテルギウスが爆発か？

二〇〇九年にアメリカのNASAより、オリオン座の右肩の位置にあるベテルギウスが「超新星爆発」の前兆である収縮が起こっていると調査報告がありました。また、二〇一〇年早々、約百年ぶりに明るさが落ちていることがわかりました。さらに二〇一九年十月から減光がおきて、二〇二〇年二月には、とうとう二等星になってしまいました。

ベテルギウスは、オリオン座の一等星で、シリウス、プロキオンとともに「冬の大三角」の頂点となっている星です。ベテルギウスの大きさは、太陽のおよそ一〇〇〇倍、質量は二〇倍の赤色巨星です。この星は、寿命を終えようとしており、半径六億キロメートル以上の大きさまで膨張しています。爆発の時期は、諸説あり、数年から数万年先まで開きがあります。ベテルギウスと地球の距離は、約六四二光年です。もし爆発すると、昼間でも確認できるほどの明るさになるといわれています。

ガンマ線は、DNAを破壊する

恒星が超新星爆発を起こした場合、衝撃波が発生し、恒星を造っている元素が宇宙空間に放出されます。この衝撃波は数十光年先にまで広がると考えられています。また同時に、強力な放射線である「ガンマ線」を多量に放出します。これを「ガンマ線

◆ガンマ線によるDNAの破壊

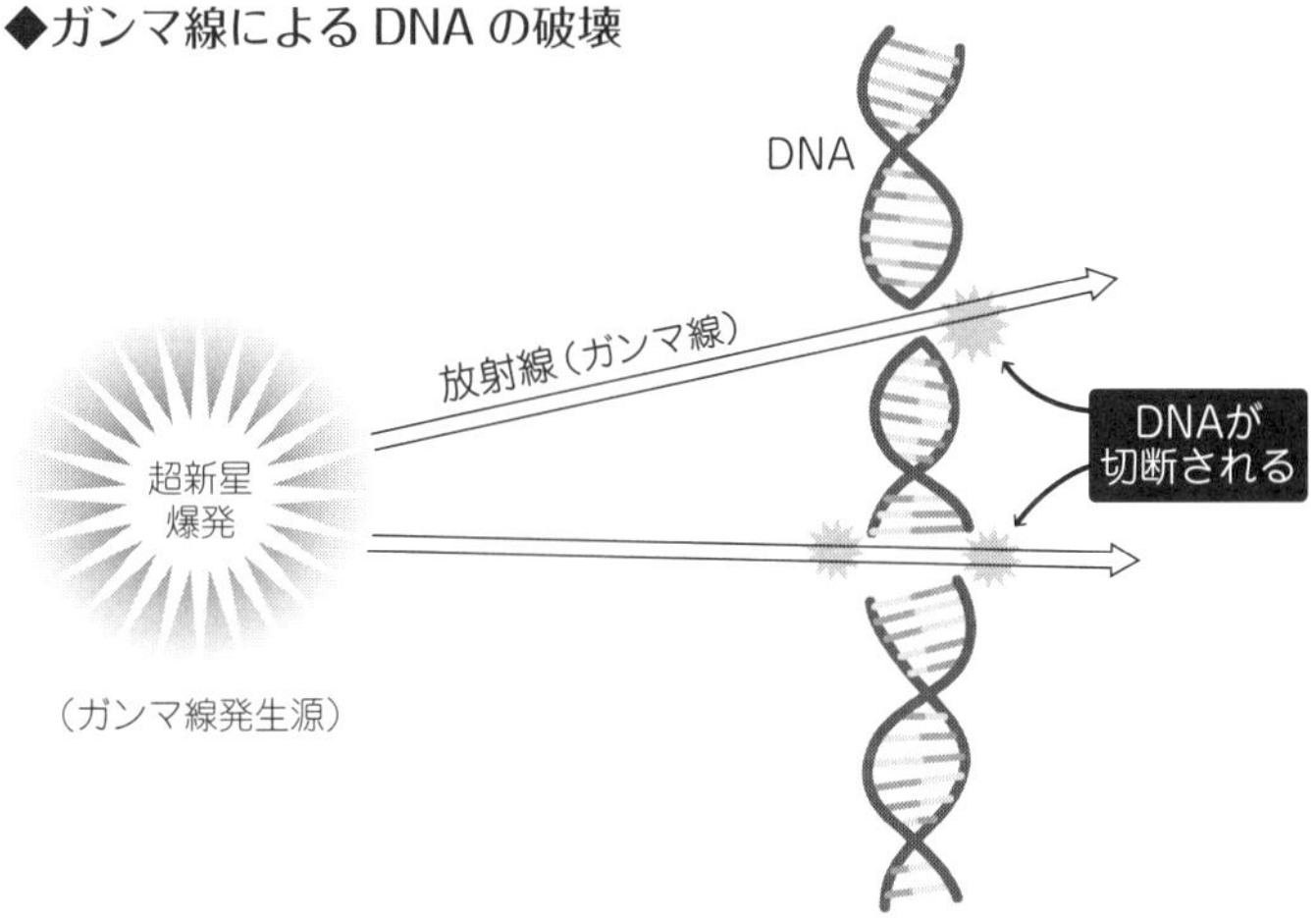

バースト」と呼び、大変危険な宇宙災害を及ぼします。このガンマ線の威力は凄まじく、超新星爆発を起こした恒星から五〇光年以内の惑星に住む生命体は壊滅的な打撃を受けるとされています。

ガンマ線は、生物の遺伝子を構成しているDNAを破壊します。DNAが破壊されると、新しい細胞が作れず細胞が死んでいき、細胞の集合体である生命が脅かされます。ベテルギウスの爆発で、ガンマ線の地球への直撃の可能性は低いと考えられています。しかし、太陽系近くの恒星が超新星爆発したら、地球上の生物への影響が無いとは言えません。

太陽フレアによる大規模停電

太陽は不変であると昔から信じられていた

太陽は、地球上にエネルギーを与え、生命が生きられる温度を保ち、気象現象を作り出し、それにより動植物が誕生しました。この普遍である太陽を利用して農耕が行われ、人類が繁栄しました。太陽の大きさは、地球の直径の一〇九倍あり、表面温度は約六〇〇〇℃（絶対温度）で輝き続けます。そのエネルギーは、太陽の中心で起きている核融合反応で作られています。太陽のわずかな変動が、地球に大きな影響を与えます。

一八五九年にイギリスの天文学者リチャード・キャリントンが黒点を観測中に一部が突然明るく輝き五分ほどで消滅したことを観測しました。これが太陽表面の爆発の最初の発見であり、太陽フレアです。次の日には、世界各地で磁気嵐が発生し、巨大なオーロラが観測されました。さらに、欧米の電信網が故障するという事態が発生し

◆フレアの発生にともなうプロミネンス

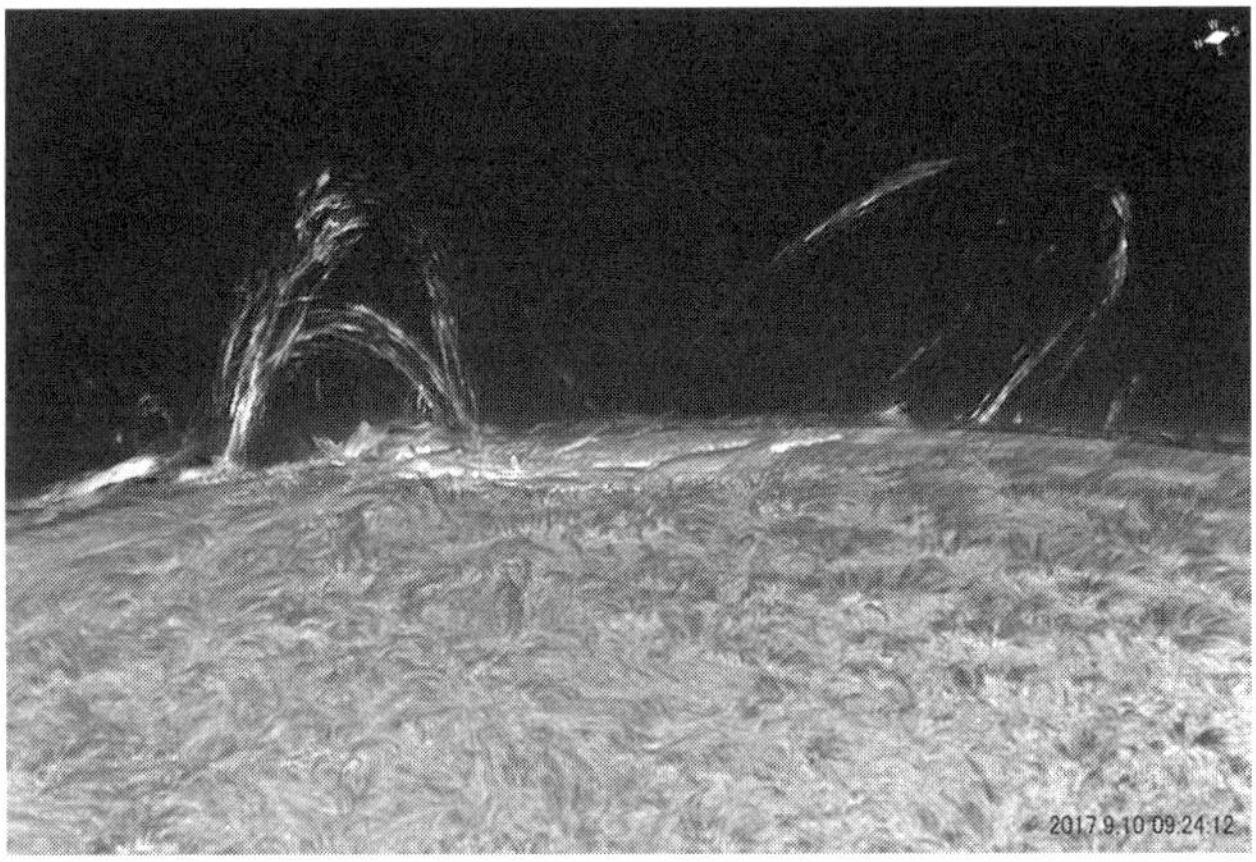

ました。当時日本は、江戸時代ですが、すでに欧米ではモール信号による通信が始まっていたのです。キャリントンが見たフレアにともない、太陽から物質が大規模に宇宙空間に放出され、それが地球磁場に飛び込んできたと考えられます。それにより地球の磁気が乱され、磁気嵐となりました。それが原因で誘導電流が発生し、長距離に張り巡らされている電信用の電線等に様々な故障を起こしたのです。

このクラスのフレアは、人類の歴史のなかでは何度起こっても不思議ではありません。一七七〇年には京都でオーロラが見られたという記録が書物『星解《せいかい》』に残っています。当時日本は、これを吉凶の兆しである程度にしか考えていませんでした。今では、フレアと共に起こるコロナ質量放出という現象であることがわかっています。

太陽フレアの影響は文明の発達と共に増大する

フレアからは、電磁波や電波、紫外線、X線、ガンマ線など、さらに大量の高エネルギー電子や陽子が放出されて地球に降り注いでいます。これらにより、電離層に擾《じょう》乱《らん》を与えて通信障害を与えたり、人工衛星に障害を与えたり、宇宙飛行士を被爆させたり、さらに磁気嵐が発生して地上の通信網に異常電流が流れたりして、通信機器やITシステムの障害を起こします。

太陽の活動は約十一年の周期があり、フレアの多い時期と少ない時期があります。近年では、一九八九年にはカナダのケベック州で広域停電が起こり、六〇〇万人が九時間も暗やみで過ごしました。二〇〇三年にはスウェーデンでも停電が起こりました。太陽フレアによる磁気嵐が原因とされています。

最近では、二〇一二年七月二十三日に太陽の裏側で大規模フレアが発生しました。幸い太陽の裏側で発生したため地球に影響がなかったのです。

◆技術社会に太陽の脅威

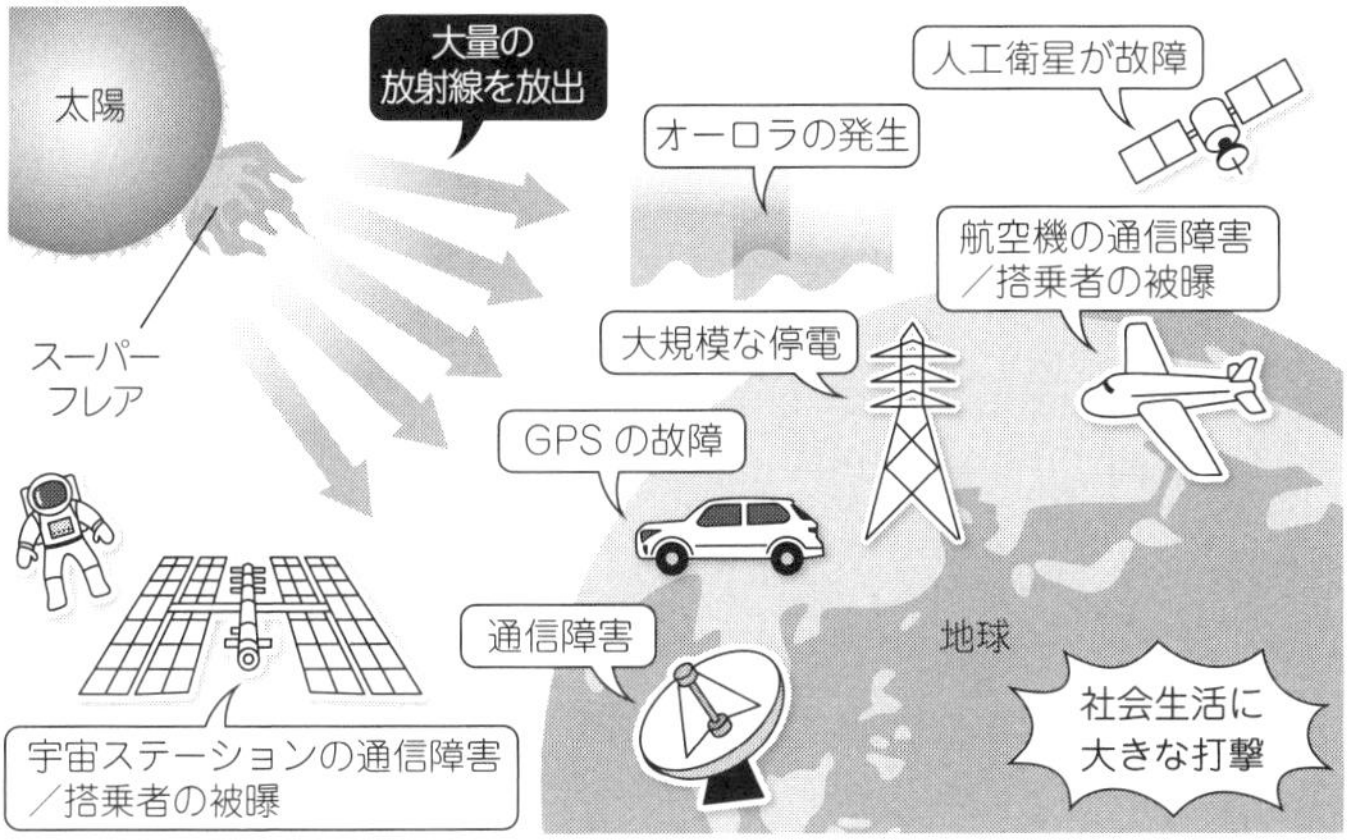

現代は、太陽からの影響を予報するために宇宙天気の重要性が高まっています。日本では、情報通信研究機構が研究し、巨大な太陽フレア等の情報から、地球に降り注ぐ有害な電磁波や有害な光、高エネルギー物質等の情報を流しています。その情報から人工衛星は被害が少ないように姿勢制御しています。また、通信障害が起きそうな場合、各機関の対応も行っています。

このように、太陽フレア等の太陽活動による地球や人類への影響は、文明の発展と共に大きくなっています。

おわりに

私は、この文章を旅先の石垣島（沖縄県石垣市）のホテルで書いています。

先ほど、石垣島大浜の崎原公園内にある「津波大石」を見てきました。

津波大石とは、長径一二・八メートル、短径一〇・四メートル、高さ五・九メートルで、推定重量一〇〇〇トンの巨大なサンゴ石灰岩の岩塊です。命名した地元の郷土史家・牧野清氏は、一七七一年四月二十四日（明和八年三月十日）に起きた、明和の大津波で打ち上げられたと考えていました。ところが、その後、表面のサンゴの年代測定により、今から二千年前の先島津波によるものと判明しました。明和の大津波ではこの大石は場所を大きくは動かなかったが回転はしたようです。

牧野清氏によると明和の大津波による死者・行方不明者は、八重山地方で九三一三人（このうち石垣島八四三九人）、宮古島地方で二五四八人、合わせて一万一八六一人でした。石垣島での死亡率は四八・六％にものぼりました。たとえば、石垣島の白保村では当時の人口一五七四人のうち一五四六人が溺死したと伝えられています。

明和の大津波の最大遡上高は三〇メートル程度と見られます。遡上高としては二〇一一年東日本大震災の津波、一八九六年の明治三陸地震津波に次ぐ規模と推定されています。

津波大石の研究結果からすると、この地は明和の大津波以前にも大津波に襲われていたということです。

さらに、津波堆積物などの研究から二千年の間に約六百年間隔で、明和の大津波とほぼ同規模の津波が四回程度起きたのではないかと推定されています。

きっと明和の大津波のときにはそれ以前のことは知られていなかったことでしょう。しかし、今は、沖縄県石垣市の津波石五個が二〇一三年、「石垣島東海岸の津波石群」として国の天然記念物に指定されています。津波石として初めての国の天然記念物指定です。津波大石以外は、みな、多数の古文書の記載内容から明和の大津波による津波石です。津波石が災害文化として残され、それを見ることで津波の凄まじいエネルギーの大きさを実感することができるでしょう。

地震はほとんど前触れもなく起こり、大地震はたくさんの死者を出します。しかも、交通網や電力網などのライフライン、通信ネットワークなどが遮断されることの社会的被害ははかりしれないものがあります。

災害をもたらす地震ですが、実は地震は日本列島が形成されつつある地殻変動の中の一コマとも考えることができます。

日本列島は長い間に大地震をくり返しながら山々（火山以外）が高くなり、それらが侵食されて低いところへ運ばれた土砂をためながら平野や湾は沈んでいきました。この地殻変動は今も続いています。

毎年のように来襲する台風も、その降水は年間降水量の三分の一に相当すると考えられていますから、台風がなくなれば水不足に陥ることでしょう。

自然は私たちに暮らす場や必要な恵みを与えてくれると同時に、災害をもたらします。

私たちは、このような「地学の目」も持って地震や台風などを見ていくことも必要ではないでしょうか。

最後になりましたが、本書の企画・編集に努めていただいたＰＨＰエディターズ・グループ書籍編集部、編集長の見目勝美さんに感謝申し上げます。

編著者　左巻健男

二〇二〇年三月

参考文献

山賀進『科学の目で見る　日本列島の地震・津波・噴火の歴史』ベレ出版　二〇一六
左巻健男＋「RikaTan」編集部編『大災害の理科知識Q&A　250』新潮社　二〇一一
左巻健男『大人のやりなおし中学地学』SBクリエイティブ　二〇一一
『RikaTan（理科の探検）』SAMA企画編「地震」「火山」特集号
鈴木康弘『原発と活断層「想定外」は許されない』岩波書店　二〇一三
児玉一八『身近にあふれる「放射線」が3時間でわかる本』明日香出版社　二〇二〇
検定済教科書『地学の世界［IA］』東京書籍　二〇〇〇
小林文明『竜巻―メカニズム・被害・身の守り方―』成山堂書店　二〇一四
『地学雑誌』86,1（1977）「気象災害の時代的変遷と、これに対応する防災気象情報の発展について」（倉嶋厚）
左巻健男『面白くて眠れなくなる地学』PHPエディターズ・グループ　二〇一二
饒村　曜『最新図解　特別警報と自然災害がわかる本』オーム社　二〇一五
『ニュートン別冊　富士山噴火と巨大カルデラ噴火』ニュートンプレス　二〇一四
『別冊宝島　図解でわかる富士山大噴火』宝島社　二〇一二
木村　龍治『気象・天気図の読み方・楽しみ方』成美堂出版　二〇〇四
国立天文台『理科年表2020』丸善出版　二〇一九
内閣府「首都直下地震の被害想定と対策について」首都直下地震対策検討ワーキンググループ編
（平成二十五年十二月十九日公表）
内閣府　南海トラフ巨大地震の被害想定（第二次報告）について
http://www.bousai.go.jp/jishin/nankai/nankaitrough_info.html

鎌田浩毅『地学ノススメ 「日本列島のいま」を知るために』 講談社 二〇一七
『新編 地学基礎 指導用教科書』 数研出版 二〇一六
気象庁ホームページ
https://www.jma.go.jp
環境省「資料2 国内外の異常気象等の状況について」(原沢英夫委員提出資料)
「中央環境審議会地球環境部会気候変動に関する国際戦略専門委員会提出資料」
https://www.env.go.jp/council/06earth/y064-11/mat02-all.pdf
汐見勝彦・小原一成・針生義勝・松村稔 二〇〇九「防災科研 Hi-net の構築とその成果」地震 第2輯 61巻
地震本部ホームページ
https://www.jishin.go.jp/
防災科学技術研究所ホームページ
https://www.bosai.go.jp/
Shiogama, H., Watanabe, M., Imada, Y., Mori, M., Ishii, M., & Kimoto, M. (2013). “An event attribution of the 2010 drought in the South Amazon region using the MIROC5 model” Atmospheric Science Letters,
原沢英夫「異常気象の被害は増えている?(温暖化ウォッチ(2)~データから読み取る~)」地球環境センターニュース
Vol.16, No.6,
地球環境研究センターホームページ
https://cger.nies.go.jp/
海上保安庁海洋情報部ホームページ
https://www1.kaiho.mlit.go.jp/
海洋情報研究センターホームページ
http://www.mirc.jha.or.jp/

安田一郎「北太平洋中層水の形成・輸送・変質過程に関する研究」
―２０１１年度 日本海洋学会賞受賞記念論文― 海の研究（Oceanography in Japan）,21(3),83-99,2012
Grove, Richard H. (1998) "Global Impact of the 1789–93 El Niño" Nature. 393 (6683): 318–319.
爆弾低気圧情報データベース
http://fujin.geo.kyushu-u.ac.jp/meteorol_bomb/
武田康男監修 『本当は怖い天気』 イースト・プレス 二〇一〇
Duncan Lunan『Incoming Asteroid !』Springer 二〇一三
花岡庸一郎『太陽は地球と人類にどう影響を与えているか』光文社 二〇一九
山下文男『津波てんでんこ―近代日本の津波史』新日本出版社 二〇〇八
津村建四朗『「稲むらの火」―フィクションと実話から学ぶ津波防災』予防時報 ２２０号 日本損害保険協会 二〇〇五

編著者略歴

左巻健男　さまき・たけお

（二二頁〜、二八頁〜、三二頁〜、四六頁〜、六八頁〜、八八頁〜、九二頁〜、一二六頁〜、一七二頁〜、一九六頁〜）

東京大学講師（理科教育法）。「理科の探検（RikaTan）」誌編集長。

一九四九年生まれ。埼玉県公立中学校教諭、東京大学教育学部附属中・高等学校教諭、京都工芸繊維大学教授、同志社女子大学教授、法政大学生命科学部環境応用化学科教授・法政大学教職課程センター教授を経て現職。理科教育（科学教育）、科学リテラシーの育成を専門とする。おもな著書に『おもしろ理科授業の極意：未知への探究で好奇心をかき立てる感動の理科授業』（東京書籍）、『暮らしのなかのニセ科学』『学校に入り込むニセ科学』（以上、平凡社新書）、『面白くて眠れなくなる物理』『面白くて眠れなくなる化学』『面白くて眠れなくなる地学』『面白くて眠れなくなる理科』『面白くて眠れなくなる元素』『面白くて眠れなくなる人類進化』（以上、PHPエディターズ・グループ）、『身近にあふれる「科学」が3時間でわかる本』『身近にあふれる「微生物」が3時間でわかる本』（以上、明日香出版社）など多数。

執筆メンバー

※執筆順・名前の下に執筆項目の最初のページを記しました。

坂元　新　さかもと・あらた　（一四頁〜、一八頁〜、一一四頁〜、一三四頁〜、二〇四頁〜）

埼玉県越谷市立大袋中学校理科教諭。市内の小学校の先生方と一緒に、理科を通した小中一貫教育に取り組む。おもな共著書に『大災害の理科知識Q＆A　２５０』（新潮社）、『身近にあふれる「科学」が3時間でわかる本』（明日香出版社）など。

原口栄一　はらぐち・えいいち　（五〇頁〜、八四頁〜、九六頁〜、一〇〇頁〜、一三〇頁〜）

鹿児島市立谷山中学校理科教諭。「原子力・放射線」「理科模型」「中学道徳」をおもに研究。受賞歴は、「第33回 東書教育賞の中学校部門」最優秀賞、「第20回 上廣道徳教育賞」優秀賞。著書に『中学理科授業が必ず成功するアイデア　すぐできるちょっとの工夫65』（明治図書出版）、他共著多数。

井上貫之　いのうえ・かんじ　（五六頁〜、六〇頁〜、八〇頁〜、一九〇頁〜）

理科教育コンサルタント、公益財団法人ソニー教育財団評議委員、元青森県八戸市立小中野小学校校長。科学が好きな子どもを育てるために様々な活動をしている。著書に『親子で楽しく星空ウオッチング』（ＪＳＴ）、共著に『話したくなる！つかえる物理』（明日香出版社）など多数。

小林則彦　こばやし・のりひこ　（一〇六頁〜、一二二頁〜）

西武学園文理中学高等学校教諭。気象予報士。おもな共著書に『面白くて眠れなくなる地学』（ＰＨＰエディターズ・グループ）、『科学はこう「たとえる」とおもしろい！』（青春出版社）など多数。

大西光代　おおにし・みつよ　（一一〇頁〜、一七六頁〜、一八〇頁〜、一八四頁〜、二〇〇頁〜、二〇八頁〜、二一二頁〜）

サイエンスライター。水産学博士。地球科学（海洋、気象、環境）とゲームやアニメなどの設定の科学的な解説記事が得意。モットーは、わかりやすく、状況に応じた言葉で科学を伝え、同時に専門家の厳しい眼に耐えうる精確性も両立すること。

大島　修　おおしま・おさむ　（一一八頁〜、一三八頁〜、一四二頁〜、二一六頁〜、二二二頁〜、二二六頁〜）

前群馬県太田市立沢野中央小学校校長。放送大学講師（教員免許更新講習）。群馬県内を中心に科学教室や天体教室を行っている。おもな共著書に『中学校3年分の生物・地学が面白いほど解ける65のルール』（明日香出版社）、『天体観測の教科書　太陽観測編』（誠文堂新光社）など多数。

桝本輝樹　ますもと・てるき　（一四八頁〜、一五二頁〜、一五六頁〜、一六〇頁〜、一六四頁〜、一六八頁〜）

亀田医療大学准教授、千葉県立保健医療大学非常勤講師。専門は生物学、環境科学、統計学。情報・科学・メディア・災害などのリテラシー教育も行う。共著書に『身近にあふれる「科学」が3時間でわかる本』『身近にあふれる「微生物」が3時間でわかる本』（以上、明日香出版社）など。

怖くて眠れなくなる地学

二〇二〇年六月十一日　第一版第一刷発行

編著者　左巻健男
発行者　清水卓智
発行所　株式会社ＰＨＰエディターズ・グループ
〒一三五-〇〇六一　江東区豊洲五-六-五二
☎〇三-六二〇四-二九三一
http://www.peg.co.jp/

発売元　株式会社ＰＨＰ研究所
東京本部　〒一三五-八一三七　江東区豊洲五-六-五二
普及部　☎〇三-三五二〇-九六三〇
京都本部　〒六〇一-八四一一　京都市南区西九条北ノ内町一一
PHP INTERFACE　https://www.php.co.jp/

印刷所
製本所　図書印刷株式会社

ISBN 978-4-569-84696-5